湿地保护知识读本

学 生 版

吴孝兵　周小春 ◎ 主 编

安徽师范大学出版社

·芜湖·

图书在版编目（CIP）数据

湿地保护知识读本：学生版 / 吴孝兵，周小春主编 . — 芜湖：
安徽师范大学出版社，2019.12
ISBN 978-7-5676-4027-6

Ⅰ.①湿… Ⅱ.①吴… ②周… Ⅲ.①沼泽化地－自然资源保
护－中国－普及读物 Ⅳ.①P942.078-49

中国版本图书馆 CIP 数据核字（2019）第 059895 号

"UNDP-GEF 安徽湿地保护项目"支持出版

湿地保护知识读本 学生版　　吴孝兵　周小春 ◎ 主编

责任编辑：童　睿
责任校对：吴毛顺
装帧设计：张德宝
责任印制：桑国磊
出版发行：安徽师范大学出版社
　　　　　芜湖市九华南路 189 号安徽师范大学花津校区
网　　　址：http://www.ahnupress.com/
发 行 部：0553-3883578　5910327　5910310（传真）
印　　刷：虎彩印艺股份有限公司
版　　次：2019 年 12 月第 1 版
印　　次：2019 年 12 月第 1 次印刷
规　　格：787 mm ×1092 mm　1/16
印　　张：6
字　　数：80 千字
书　　号：ISBN 978-7-5676-4027-6
定　　价：48.00 元

如发现印装质量问题，影响阅读，请与发行部联系调换。

编 委 会

（排名不分先后）

阅读说明

    1."学习园地"包括历年世界湿地日主题中英文连线、迁徙路线最长是什么动物的选择题以及算一算湿地的价值;"猜一猜"包括辨别睡莲和莲,区分蜻蜓和豆娘等。"猜一猜"的答案和部分"学习园地"的答案,在书中寻找。

    2."动动手"环节,没有标准答案,也没有最好或最坏的作品之分,同学们发挥自己的想象,亲近自然做出自己的作品,就是最好的作品!

    3."拓展阅读"作为正文的有益补充,旨在拓展学生的湿地知识。

    4.部分动植物大小用6岁男童平均身高或成年男士手掌大小来作为参照。

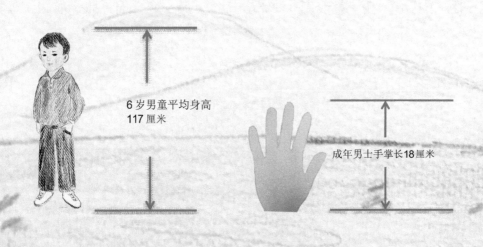

6岁男童平均身高 117厘米

成年男士手掌长18厘米

前　言

湿地具有重要的生态服务功能，是人类赖以生存的淡水资源库和水质净化器，蕴藏了丰富的生物，为万千生灵提供了丰富的食物和生活资源，也是巨大的基因库。湿地文化传承的是人类的文明。湿地被称为"地球之肾"，足以佐证它在地球生命有机体中的重要性！

全球环境基金（Global Environment Facility，简称GEF）是致力于支持环境友好项目实施的国际合作机构，"加强安徽省湿地保护地体系管理有效性项目"（简称"安徽GEF项目"）是GEF第五期的项目之一。编写出版《湿地保护知识读本》是安徽GEF项目的重要内容之一，旨在对学生、社会公众、管理人员以及技术人员等不同层面开展湿地保护科普知识宣传。

本书是面向中小学生的湿地保护知识读本，采用图文并茂的形式，生动形象地向学生传递湿地知识，讲述湿地保护故事，让学生身临其境地感受湿地的存在和价值。全书共分三章，每个章节除了知识介绍外，还增加了拓展阅读的内容，每章后有学习园地，以增强阅读的趣味性。同时，本书通过对古诗词的介绍，让学生感受我国悠久的湿地文化，感知湿地的历史厚重感，了解我国主要的湿地资源；通过介绍湿地生态系统的结构，让学生深层次地认识湿地，掌握湿地的功能特点；通过介绍湿地中的主要生灵——动物和植物,引导学生如何去识别常见湿地物种;通过直面湿地危机,让学生知晓湿地保护的紧迫性和如何保护湿地。

本书编写过程中,北京林业大学张明祥教授和徐基良教授等给予科学指导;胡玉玲、王春生、郑涛、王建军和杨勉等老师对本书的编写提出了宝贵意见;安徽GEF各项目点和湿地保护同仁们给予大力支持;在此一并表示诚挚的感谢!

由于编者水平所限,书中不妥之处在所难免,敬请读者批评指正。

编　者
2019年11月

目　录

第一章
什么是湿地

第一节　神奇的湿地

中国文字由象形文字演化而来,甲骨文和金文中"濕"字的形状所表示的意思是浸染后挂在架子上晾晒的丝品,表示富含水分的、潮湿的。

后来人们在"濕"字下加了"土",变成了"溼"。"濕"和"溼"读音相同,普通话读音:shī。这两个字意思相同,几乎没有差别。

学者对"濕"字的研究表明,濕的古字"坔",普通话读音:dì,意思是水覆盖在土地之上。

　　溼,幽溼也。从水;一,所以覆也,覆而有土,故溼也;㬎省聲。——《说文》
　　濕,水。出東郡,東武陽,入海。从水,㬎聲。——《说文》

你先想一想,我捉鱼去了

想一想:请写出和湿地相关的汉字,其中哪些字有繁体,并写出相应的繁体?例如,沼泽——沼澤。

_____

_____

_____

从上面的文字字形演化可以了解到,"湿地"必然与"水"和"土"有关,即有水有土的地方就是湿地。

现在让我们了解一下科学家是怎样定义湿地的:

定义1:湿地是指天然的或人工的、常久或暂时的沼泽地、湿原、泥炭地或水域地带,静止或流动的淡水、微咸水或咸水体,包括低潮时水深不超过6米的浅海区域。

定义2:陆地和水域的交汇处,水位接近或处于地表面,或有浅层积水,至少有一至几个以下特征:(1)周期性地以水生植物为优势种;(2)底层土主要是湿土;(3)在每年的生长季节,底层有时被水淹没。一般以湖泊与海洋低水位时水深2米为界。

从上述定义可以了解,不论是不足2米还是不超过6米的浅海区域都属于湿地的范畴,公认的湿地特征包括(图1-1所示):

水生植物　　　　　　　　　土壤　　　　　　　　　　水

图1-1　湿地的特征要素

1.水生植物。

2.土壤。底层有土。

3.水。湿地会周期性地或长久被水淹没。

这与我们祖先认为有水有土的地方就是湿地的想法不谋而合。

猜一猜1：下图哪些是湿地，哪些不是湿地？为什么？

A

B

C

D

E

F

湿地的分类

　　湿地包括湖泊、河流、沼泽(森林沼泽、藓类沼泽和草本沼泽)、滩地(河滩、湖滩和沿海滩涂)、盐湖、盐沼以及海岸带区域的珊瑚礁、海草区、红树林和河口等。根据《关于特别是作为水禽栖息地的国际重要湿地公约》(简称《湿地公约》)的分类系统,将湿地分为天然湿地和人工湿地2大类42种类型。

　　我国将国内的湿地划分为近海与海岸湿地、河流湿地、湖泊湿地、沼泽与沼泽化湿地、库塘5大类28种类型。

　　河流、湖泊、沼泽、海岸线的浅滩都称之为湿地,原来我们的生活环境都是被大大小小的湿地所环绕的。

没有水就没有湿地。水似乎是取之不尽、用之不竭的,但地球上可利用的淡水资源仅占全球总水量的3%左右,可供我们直接利用的淡水资源更少,所以淡水资源就显得更加宝贵。下面让我们来了解一下水是如何循环的。

水循环:小水滴的旅行

大体上可以这么说,小水滴原本生活在海洋(或者其他水体)里,由于气温升高,变成水蒸气飞到了空中,跟着其他小伙伴被风吹到了陆地上。变成水蒸气的小水滴们一路向前,当遇到一座高山,它们一起向上爬,越爬越高,水蒸气也越集越多,但是山顶实在太冷了,水蒸气就蜷缩起来又变成小水滴落到了地面。一部分小水滴渗进土里,变成了地下水,一部分小水滴被山上的树木和小草吸收,还有一部分小水滴流到了河里,江河汇聚,奔腾入海,最后又回到了家里,如图1-2所示。

图1-2 水循环示意

第二节 诗一般的湿地

自古以来,人们都是居住在有水的地方,古代很多城市都修建在大江大河边。人的生存离不开水,离不开土地,所以也离不开湿地。

古人有很多优美的诗歌,描写的就是湿地和在湿地里生活的动植物以及与它们和谐相处的人,下面让我们一起来读一读吧。

君不见,黄河之水天上来,奔流到海不复回。

——唐·李白《将进酒》

黄河发源于青藏高原的巴颜喀拉山脉,源远流长,是祖国尤其是中原人民的母亲河。她如同从天而降,一泻千里,向东流入大海(渤海)。

住近湓江地低湿,黄芦苦竹绕宅生。

——唐·白居易《琵琶行(并序)》

地势较低而潮湿的地方,容易生长喜湿的湿地植物。

小荷才露尖尖角,早有蜻蜓立上头。

——宋·杨万里《小池》

蜻蜓能大量捕食蚊蝇,是人类的好帮手。同时,蜻蜓又是很好的环境指示器,因为它们对产卵水域的水质要求比较高,如果环境很好,就会有蜻蜓,如果环境很差,就会有很多蚊蝇。

萎蒿满地芦芽短,正是河豚欲上时。

——宋·苏轼《惠崇春江晓景二首》

河豚,又叫"气泡鱼""气鼓鱼",实际是河鲀,因捕获出水时会发出类似猪叫的唧唧声而被称为河豚。如诗中所描绘的那样,每年3月初,江水回暖,河豚就会从海里洄游到江河口的咸淡水区域产卵。

落霞与孤鹜齐飞,秋水共长天一色。

——唐·王勃《滕王阁序》

此处的"孤鹜"为野鸭。湿地有植物有昆虫,有了这么多食物,自然也少不了鸟类。

你先想一想,我捉鱼去了

想一想:同学们学过的诗词中有哪些是描写湿地的,然后写下来。

第三节　中国湿地

我国地域辽阔,湿地类型众多,除了安徽省境内我们能看到的大江大河以及淡水湖泊湿地之外,在黄河三角洲地区、崇明东滩的近海与海岸、咸水湖青海湖、人工湿地哈尼梯田以及青藏高原等都有湿地的存在。人们祖祖辈辈生活在美丽的湿地边,与湿地和谐共处。

若尔盖沼泽湿地

若尔盖沼泽湿地位于青藏高原东部边缘,海拔3 400～3 600米,总面积近100万公顷,是典型的高寒泥炭沼泽湿地,如图1-3所示。若尔盖沼泽湿地保存着完好的沼泽草甸和沼泽植被,使其成为中国乃至世界上生物多样性保护的关键地区和热点地区。若尔盖沼泽湿地独特的地理环境,为水鸟提供了理想的栖息、繁殖场所,是中国西部最重要的鸟类栖息与繁殖地,国家Ⅰ级重点保护野生动物黑颈鹤就在此繁殖栖息。

图1-3　若尔盖沼泽湿地(顾长明　摄)

同学们听过红军爬雪山过草地的故事,其中草地指的就是在四川西北的若尔盖地区。该地区四周群山环抱而中部地势低平,气候寒冷湿润,蒸发量小于降水量,因此地表常有积水,水流淤滞而成沼泽。沼泽泥泞,浅处没膝,深处没顶,人若不慎陷入泥潭,会愈陷愈深,直至吞没,因此红军过草地的艰难,是后人难以想象的。

三江源湿地

三江源位于青藏高原腹地、青海省南部。该区域是长江、黄河、澜沧江三大河流的发源地,被誉为"中华水塔",具有青藏高原生态系统和生物多样性的典型特点,是我国长江、黄河中下游地区和东南亚区域生态环境安全及经济社会可持续发展的重要生态屏障。

三江源国家级自然保护区是以三条大江大河源头生态系统为主要保护对象的自然保护区,如图1-4所示。因其地理区位独特,保护对象复杂多样,根据主体功能,国家将其定为以高原湿地生态系统为主体功能的自然保护区网络。

图1-4 三江源国家级自然保护区(张胜邦 摄)

三江源国家级自然保护区河流密布,湖泊、沼泽众多,雪山冰川广布,是整个三江源地区生态类型最集中、生态功能最重要、生态体系最完整的区域,也是中国建立的第一个涵盖多种生态类型的自然保护区群。该区域动植物区系和湿地生态系统独特,自然生态系统基本保持原始的状态,是青藏高原珍稀野生动植物的重要栖息地和生物种质资源库。

2016年3月5日,三江源正式成为中共中央、国务院批复的第一个国家公园体制试点。

哈尼梯田湿地

哈尼梯田位于云南省元阳县哀牢山南部,是美得让人窒息的人工湿地,其中元阳梯田是哈尼梯田的代表,如图1-5所示。哈尼族人居住的山岭地区从山底到高山区,经历热带、温带和寒带的变化。高山区因为低温降雨量大被称为"阴湿高寒区",而山底蒸发量大。辛勤而智慧的哈尼族人,根据当地山势地形,保留山上的森林植被,居住在半山腰,依山开垦梯田种植水稻。森林涵养的水分提供了梯田、旱地用水和人畜用水,水稻田形成的人工湿地为人畜的粪便提供了天然的污水处理场所,实现了人与自然的和谐共生。

图1-5 红河哈尼梯田(郑永明 摄)

拓展阅读

中国湿地概况

中国湿地类型多,分布广,区域差异显著,生物多样性丰富。

全国第二次湿地资源调查结果显示,全国湿地总面积5 342.06万公顷(未包括香港、澳门和台湾地区的湿地面积18.20万公顷,下同),其中:

近海和海岸湿地面积579.59万公顷,占全国湿地面积的10.85%;

河流湿地面积1 055.21万公顷,占全国湿地面积的19.75%;

湖泊湿地面积859.38万公顷,占全国湿地面积的16.09%;

沼泽湿地面积2 173.29万公顷,占全国湿地面积的40.68%;

人工湿地面积674.59万公顷,占全国湿地面积的12.63%。

黄河三角洲湿地

黄河三角洲湿地位于山东省东北部的渤海湾。汹涌澎湃的黄河裹挟着上游的泥沙堆积造就了这片年轻、宽阔的河口三角洲湿地，而且每年仍在淤长。这片湿地是西伯利亚和澳大利亚之间迁徙鸟类的中转站，是它们中途补充能量的重要场所，被称为"鸟类的国际机场"，如图1-6所示。

图1-6　黄河三角洲湿地（顾长明　摄）

想一想：从前，沧州南有一座临河寺庙，庙前有两尊石兽。有一年下暴雨，大庙山门倒塌，石兽也被撞入河中。十年后，重修山门，庙僧派人下河寻找石兽。同学们，我们应该去黄河上游寻找，还是黄河下游？为什么？

崇明东滩湿地

崇明东滩位于上海市崇明岛的最东端，是长江口典型的河口湿地，如图1-7所示。从长江上游冲积下来的泥沙形成了长江口规模最大、发育最完善的河口型潮汐滩涂湿地，为亚太地区迁徙的水鸟提供了重要的栖息场所，也是洄游鱼类的重要通道。在三峡大坝建成前，崇明东滩一直以80～110米每年的速度淤长，大坝建成后，速度有所减缓，但崇明岛仍然是一座不断"生长"的岛。

图1-7　崇明东滩湿地（顾长明　摄）

海南红树林湿地

红树林生长在热带、亚热带海岸潮间带，是由很多种生长在热带、亚热带海岸边的灌木植物组成的森林，而其中只有一种植物被称为红树，如图1-8所示。涨潮时根部被海水淹没，退潮时露出，是陆地和海洋之间的过渡带。

图1-8　海南红树林湿地（卢刚　摄）

红树林湿地生态系统一般包括红树林、滩涂和鱼塘，独特的生态环境造就了独特的生态系统。

你先想一想，我捉鱼去了

想一想：从图片可以看出，红树林显然不是红色的，那为什么要称"红树"呢？

《湿地公约》发展历程

在人类几千年文明的发展中,人们不断加深对湿地的认识,重视程度一步步地增加,各国人民也在积极地完善对湿地的保护。

1971年,在伊朗的小城拉姆萨尔,来自18个国家的代表签订了著名的《关于特别是作为水禽栖息地的国际重要湿地公约》(简称《湿地公约》,又被称为《拉姆萨尔公约》)。它是一个政府间公约,是湿地保护及其资源合理利用国家行动和国际合作框架。截至2018年底,有170个缔约方,共2 341块湿地列入国际重要湿地名录,总面积超过2.5亿公顷。其中,中国有57处国际重要湿地。

签订保护湿地的想法始于1962年,那时在欧洲有许多湿地被开垦,丧失了许多水禽的栖息地。1960年,霍夫曼(Luc Hoffmann)先生启动了一个叫MAR的项目,当时国际自然与自然资源保护联盟、国际保护鸟类理事会等组织参与了项目活动。他们于1962年11月12~16日在法国开会,着力研究保护湿地的问题。经过8年的多次会议协商,在荷兰政府的支持下,由马修斯教授主持起草了湿地公约文本,当时文本的核心内容是保护水禽。

《湿地公约》的标志

1992年,中国政府正式加入《湿地公约》。

值得一提的是,2005年11月,第九届缔约方大会在乌干达举行,中国第一次当选为公约常委会成员国。

中国部分国际重要湿地名录

序号	名称	列入时间 / 年	面积 / 公顷
1	黑龙江扎龙国家级自然保护区	1992	210 000
2	江西鄱阳湖国家级自然保护区	1992	22 400
3	湖南东洞庭湖国家级自然保护区	1992	190 000
4	上海市崇明东滩鸟类自然保护区	2002	32 600
5	江苏盐城国家级珍禽自然保护区	2002	453 000
6	浙江杭州西溪国家湿地公园	2009	325
7	黑龙江省七星河国家级自然保护区	2011	20 000
8	黑龙江省珍宝岛国家级自然保护区	2011	44 364
9	张掖黑河湿地国家级自然保护区	2015	41 000
10	安徽升金湖国家级自然保护区	2015	33 340

第四节　安徽湿地

安徽省境内湿地类型多样,河流纵横交错,湖泊密布,长江和淮河横贯,新安江发源于皖南,巢湖是全国第五大淡水湖。全省湿地总面积104.18万公顷,占安徽省国土面积的7.47%。

现在让我们来认识一下身边的湿地吧。

长　江

长江,发源于青藏高原的唐古拉山脉,干流流经青海、西藏、四川、云南、重庆、湖北、湖南、江西、安徽、江苏、上海11个省(区、市),于崇明岛以东注入东海,如图1-9所示。

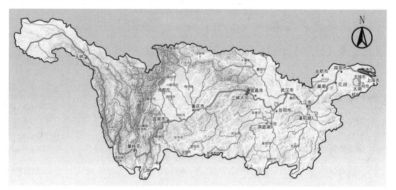

图1-9　长江水系及干流沿岸主要城市

长江是永久性河流,是典型的河流型湿地,在长江流域密布大小不一的支流、湖泊和沼泽,长江沿岸和沿江湖泊有滩地。江南是著名的鱼米之乡,还有很多诸如水稻田和鱼塘的人工湿地。长江入海口属于河口湿地。长江中下游流域是我国最大的天然和人工复合的湿地生态系统。

长江干流在宿松进入安徽省境内,由西南向东北经过安庆、池州、铜陵、芜湖、马鞍山5个市12个县,至和县乌江附近流入江苏省。长江流经安徽省境内有416千米,称为八百里皖江,包括多个安徽省湿地类型的自然保护区,如图1-10所示。

图1-10 安徽长江流域湿地类型自然保护区

 淮　河

淮河安徽段处于淮河的中游,从河南和安徽交界的洪河口起,下至安徽和江苏交界的洪山头止,河道长度430千米,如图1-11所示。据说,由于这条奔流不息的大河边生存着大量叫"淮"的短尾鸟,"淮水"因此而得名。

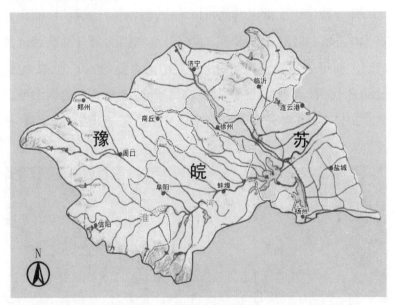

图1-11 淮河水系

狭义上的淮河是河流型湿地,同时淮河流域也是天然和人工复合的湿地生态系统。

巢湖

巢湖位于安徽省中部,是我国第五大淡水湖,水域面积约7.88万公顷,如图1-12所示。巢湖是典型的湖泊型湿地,同时还有沼泽湿地和滩地等。巢湖古时候称南巢、居巢,秦时设立居巢县,唐朝设立巢县。已发掘的银山智人遗址表明,距今30万年以前,人类祖先已在这里繁衍生息。作为人类原始巢居的发明者、巢居文明的开拓者——有巢氏,已成为公认的中华人文的始祖之一。

图1-12　巢　湖（王友保　摄）

升金湖

升金湖位于安徽南部池州市境内,濒临长江,保护区面积为33 340公顷,如图1-13所示。古时升金湖因为每日渔获量价值"升金"而得名。升金湖是白头鹤在中国重要的越冬地,在20世纪80年代,被人们称为"中国鹤湖"。升金湖是典型的湖泊型湿地。2015年,安徽升金湖国家级自然保护区(简称"升金湖保护区")被纳入国际重要湿地名录。

图1-13　升金湖（升金湖保护区　提供）

湿地的功能

湿地是地球上水陆相互作用形成的独特生态系统,是自然界最富生物多样性的景观之一,在抵御洪水、调节径流、补充地下水、改善气候、减缓污染、美化环境和维护区域生态平衡等方面有着其他类型生态系统所不能替代的作用。湿地总是默默无闻地为人类提供多种服务,人类的生产和生活都离不开湿地。

1.资源宝库。很多湿地产品都是我们的食物,如螃蟹、水芹菜等。肥沃的湿地不仅能生产粮食,还能为我们提供药材、工业原料、农副产品等。

2.涵养水源。湿地能够涵养水源,调蓄洪水。湿地常常作为居民用水、工业用水和农业用水的水源。湿地能将大量的水储存起来并缓慢地释放,从而将水在时间上和空间上进行再分配。过量的水,如洪水被储存于湿地土壤中或以地表水的形式留在沼泽湿地中,减缓了洪水流速和下游洪水压力。

3.净化水质。当污水进入湿地时,因为水生植物的阻挡作用,水流减缓有利于沉积物的沉积;许多污染物质吸附在沉积物的表面,随沉积物积累起来,有助于污染物储存,并最终被微生物降解和转化。

4.调节气候。湿地调节气候的功能包括通过湿地及湿地植物的水循环和大气组分的改变,调节局部地区的温度、湿度和降水状况;调节区域内的风、温度、湿度等气象要素,从而减轻干旱、风沙、冻灾、土壤沙化过程,防止土壤养分流失,改善土壤状况。

5.提供栖息地。由于湿地处于水陆系统的过渡地带,因此湿地的动植物性质、结构兼有两种系统的部分特征。湿地为众多野生动植物栖息、繁衍提供了基地,因而在保护生物多样性方面有极其重要的价值。

除此之外,湿地还为人类提供休闲旅游的场所;是全球最大的碳库,在全球碳循环中起着重要作用。

学习园地1:世界湿地日主题

连线题:请同学们把对应的中英文找出来。

为了纪念《湿地公约》的签署,加强对湿地的保护和利用,提高公众的湿地保护意识,《湿地公约》常务委员会第19次会议决定,从1997年起,将每年的2月2日定为世界湿地日,开展纪念活动,并设定湿地日主题。

难度1

年份	主题(英文)	连线	主题(中文)
1997	Wetlands: a Source of Life		湿地:我们的未来
2002	Wetlands: Water, Life, and Culture		健康的湿地,健康的人类
2003	No Wetlands - No Water		湿地与旅游
2007	Wetlands and Fisheries		湿地与鱼类
2008	Healthy Wetland, Healthy People		湿地:水、生命和文化
2012	Wetlands and Tourism		没有湿地——就没有水
2014	Wetlands and Agriculture		湿地与生物多样性
2015	Wetlands: Our Future		湿地与气候变化
2019	Wetlands and Climate Change		湿地是生命之源
2020	Wetlands and Biodiversity		湿地与农业

难度 2

年份	主题（英文）	连线	主题（中文）
1998	Water for Wetlands, Wetlands for Water		人与湿地，息息相关
1999	People and Wetlands: the Vital Link		湿地之水，水之湿地
2000	Celebrating Our Wetlands of International Importance		珍惜我们共同的国际重要湿地
2001	Wetlands World - A World to Discover		从高山到海洋，湿地在为人类服务
2004	From the Mountains to the Sea, Wetlands at Work for Us		湿地世界——有待探索的世界
2005	Culture and Biological Diversities of Wetlands		湿地、生物多样性与气候变化
2006	Wetland as a Tool in Poverty Alleviation		湿地与水资源管理
2009	Up Stream, Down Stream, Wetlands Connect Us All		上游至下游，湿地维系我和你
2010	Wetland, Biodiversity and Climate Change		湿地生物多样性和文化多样性
2011	Forest and Water and Wetland is Cosely Linked		湿地关乎我们的未来：可持续的生计
2013	Wetlands and Water Resource Management		湿地减少灾害风险
2016	Wetlands for Our Future: Sustainable Livelihoods		湿地：城镇可持续发展的未来
2017	Wetlands for Disaster Risk Reduction		湿地与减贫
2018	Wetlands for Sustainable Urban Future		森林与水和湿地息息相关

　　如果同学们能全部对应起来，就湿地的知识方面而言，你已经比很多成年人都厉害了！

动动手

1.拍一张与湿地相关的照片；

2.画一幅与湿地相关的画；

3.把湿地背后的故事分享给自己的父母。

湿地不是一成不变的,湿地是五彩斑斓的。发挥你的想象,画出你心中的湿地!

拓展阅读

历年安徽湿地日主题

2016年:湿地——我们赖以生存的家园

2017年:湿地与生态健康

2018年:湿地与文化

2019年:湿地与候鸟

第二章 湿地生灵

第一节 湿地生态系统

生态系统

生态系统(Ecosystem)是指在一定的空间范围内,生物与环境构成的统一整体。在这个统一整体中,生物与环境之间相互影响、相互制约,并在一定时期内处于相对稳定的动态平衡。生态系统的范围可大可小。

生态系统的成分一般可以概括为非生物环境和生物环境两大部分。非生物环境由水、土壤、光照等构成,生物环境由生产者(通常是指能利用简单的无机物合成有机物的自我存活的生物)、消费者和分解者(将动植物遗体和动物的排泄物等所含的有机物质转化为简单的无机物的生物,包括细菌、真菌等)构成,如图2-1所示。

最复杂的生态系统是湿地生态系统。

太阳就像一台发动机,源源不断给太阳系提供能量。

地球上最大的生态系统是生物圈。

图2-1 生态系统示意

湿地生态系统

湿地生态系统(Wetland ecosystem)是一种常见的生态系统,是全球最具价值的生态系统。

湿地生态系统是陆地与水域之间水陆相互作用形成的特殊的自然形态,兼有水域和陆地生态系统的特点,是生物多样性丰富、单位生产力极高的生态系统。湿地中的水生植物、动物、微生物和环境要素之间密切联系、相互作用。

湿地生态系统中的生物分别扮演了生产者、消费者和分解者的重要角色,它们之间有着共生、竞争、捕食等相互关系,如图2-2所示。

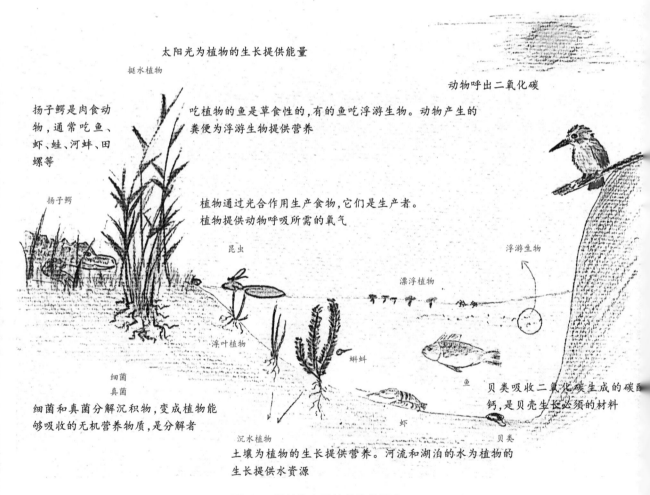

图2-2 湿地生态系统的生物组分

太阳光为植物的生长提供能量,植物通过光合作用为吃水草的鱼和鸟儿提供食物,同时还能净化水里的污染物,水下的沉水植物能为鱼儿提供氧气。湿地里的细菌和真菌对分解污染物起到了巨大的作用,浮游生物则是鱼儿的食物。

湿地被称为"地球之肾",那么湿地是如何发挥净化功能的呢?湿地中的生产者和分解者起到了非常重要的作用。

湿地对有机污染物有较强的降解能力。

流到湿地的水流,经过低平的,并长满湿地植物的区域后,水流流速减慢,有利于污染物的沉淀和过滤。

被截留下来的有机污染物被微生物和细菌利用。植物的根吸附和吸收部分有机物,而微生物和细菌则通过生物降解去除有机污染物,如图2-3所示。

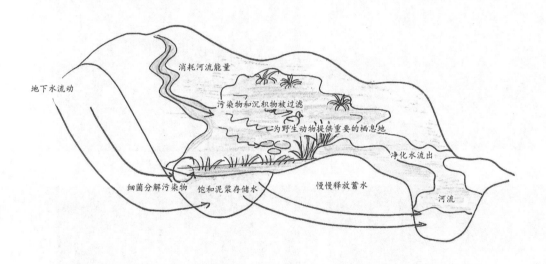

图2-3　湿地生态系统的净化功能

因此,很多污染物就被吸收、分解或固定、转化了,经过湿地的水就被净化了。

第二节 湿地植物

　　生长在半水半陆湿地环境中的植物即为湿地植物。同学们回顾一下《湿地公约》中关于湿地的定义,就可以了解到:广义的湿地植物是指生长在湖边、河边、沼泽地、泥炭地等或者水深不超过6米水域中的植物。

　　从前面的湿地生态系统图片中我们可以看到,湿地存在根生长在泥里但茎叶挺出水面的植物,叶子漂在水面上但根扎在泥里的植物,全部生长在水面下的植物和整个漂浮在水面上的植物。根据上述植物的生活型和形态,湿地植物可以分为挺水型、浮叶型、沉水型和漂浮型植物,如图2-4所示。

挺水植物——水烛

沉水植物——苦草

浮叶植物——金银莲花

漂浮植物——凤眼莲

图2-4　四种生活型的湿地植物（周小春　周忠泽　摄）

猜一猜2:睡莲和莲,你分得清吗?

你先想一想,
我捉鱼去了

想一想:请同学们外出时仔细观察,并写下睡莲和莲的不同之处。

_____

_____

_____

猜一猜1答案:

湿地包括:A近海与海岸湿地,B稻田(人工湿地),D库塘湿地(人工湿地),E海岸带区域的红树林,C比较有争议,中间是蓝洞,深于6米,但周围的海岸带区域的珊瑚礁是湿地。F不是湿地。

┌───┐

拓展阅读

国家重点保护野生植物及
《中华人民共和国野生植物保护条例》(摘录)

国家重点保护野生植物分为国家Ⅰ级保护野生植物和国家Ⅱ级保护野生植物。列为国家Ⅰ级重点保护的湿地野生植物有:水韭属所有种、莼菜、水松、水杉等。

中华人民共和国国务院令第204号发布《中华人民共和国野生植物保护条例》,自1997年1月1日起施行。2017年,中华人民共和国国务院令第687号对《中华人民共和国野生植物保护条例》进行了修改。其中:

第十六条　禁止采集国家一级保护野生植物。

第十八条　禁止出售、收购国家一级保护野生植物。

└───┘

国家重点保护野生植物是受到法律保护的,如果同学们看到有人肆意采摘,在家长陪同的情况下,可上前阻止采摘行为。如果判断该植物是国家重点保护野生植物,可给相关部门打电话,肆意采摘的人将被罚款或追究法律责任。

　　湿地植物种类繁多,包括可食用的茭白、菱、莲藕、芡实、慈姑、荸荠、莼菜、水芹,俗称"水八仙",如图2-5所示;在公园或野外见到的观赏植物包括菖蒲、芦苇、荇菜、王莲等。我们下面将重点介绍几种湿地植物。

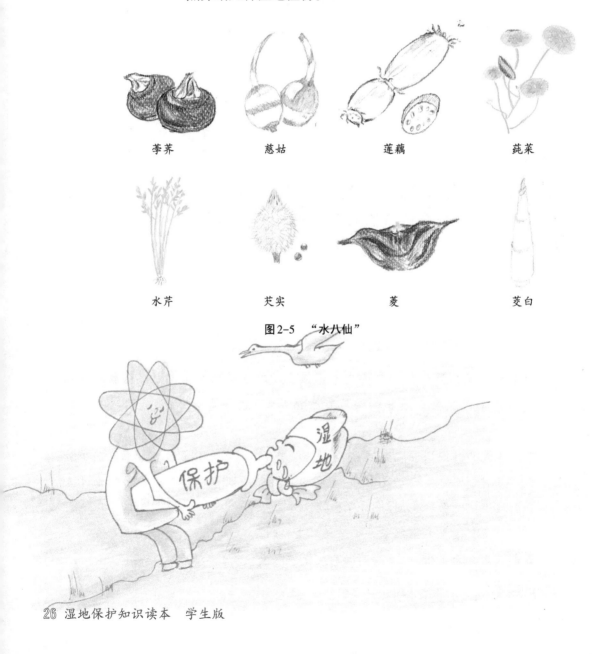

荸荠	慈姑	莲藕	莼菜
水芹	芡实	菱	茭白

图2-5　"水八仙"

中华水韭

学名：*Isoetes sinensis*　英文名：Chinese quillwort

中华水韭为多年生沼生蕨类，植株高15～30厘米，如图2-6所示。中华水韭的根茎肉质，块状，约2～3瓣，具多数二叉分歧的根；叶多汁，草质，鲜绿色，线形，长15～30厘米，宽1～2毫米，如图2-7所示。

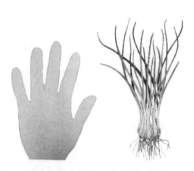 

图2-6　中华水韭高度示意　　图2-7　中华水韭（田胜尼　摄）

中华水韭是中国特有的物种，因为非常稀少而且是湿地植物中为数不多的活化石，因此被认为"湿地植物中的大熊猫"。中华水韭主要生长在长江下游的部分地区，在安徽的休宁、屯溪和当涂，以及江苏和浙江部分地区分布。

中华水韭属国家Ⅰ级重点保护野生植物，是经过第四纪冰川后残存下来的极度濒危的孑遗（jiéyí）植物。它没有复杂的叶脉组织，有很高的研究价值，同时还是一种沼泽指示植物。

中华水韭对于我们普通人来说可能实在是不起眼，但我们不能随便采摘或践踏小草，不然某一天，这样的"活化石"或者某种保护植物就被我们不小心拔掉了。

你先想一想，我捉鱼去了

想一想：孑遗植物是什么意思？我们身边有哪些被称为"植物界的大熊猫"的孑遗植物？

指示物种

生态环境的变化可能会导致动植物变化或消失，因此通过监测指示物种的生长状况或物种的存活数量，可以评估生态环境的情况。

因为并不是所有物种都能够直接被观察到，所以就有这样的一类物种，它的生物学或生态学特性（如它的出现或缺失，种群密度和繁殖成功率的变化）能够反映出其他物种的情况或环境状况，那么这类物种会被认为是指示物种。

例如，由于苔藓植物结构简单、对外部物质吸附能力强，极易对污染因子产生反应。当空气污染严重时，苔藓会出现明显的黑色斑点或退化的现象，因此苔藓植物可以作为监测空气污染程度的指示植物，如唐菖蒲（*Gladiolus gandavensis*）等指示植物可以监测大气的氟化物污染。

再如，第一章提到的蜻蜓，它们对水质要求比较高，因此蜻蜓也是一种监测水质状况的指示物种。

水 杉

学名：*Metasequoia glyptostroboides*

英文名：Dawn redwood

水杉是落叶乔木，可高达50米，如图2-8所示。水杉大枝不规则轮生，小枝对称生长或接近对生；叶片交互对生，线形，质地柔软，在侧枝上排成羽毛状，长0.8～1.5厘米，如图2-9所示。

图2-8 水 杉（陈明林 摄）

图2-9 水杉叶片（陈明林 摄）

从植物生长类型来划分,湿地植物分为草本类、灌木类和乔木类,其中水杉就是乔木类的湿地植物。

水杉是世界上珍稀的孑遗植物,曾被认为早已灭绝。1941年中国植物学者在四川万县首次发现了这一闻名中外古老稀有的湿地植物,其主要分布在湖北、重庆、湖南的局部地区。

芦 苇

学名:*Phragmites australis* 英文名:Reed

芦苇是一种常见的湿地植物,分布于世界各地,是一种多年生高大的直立禾本科植物,秆高1~3米。芦苇具有横走的根状茎,在自然生境中以根状茎繁殖为主,也能以随风传播的种子繁殖,如图2-10所示。

图2-10 芦 苇(陈明林 摄)

在长江中下游地区,芦苇在3月中下旬从地下根茎长出芽,4~5月发出,9~10月开花,11月成熟。

为什么芦苇那么常见,我们还要重点介绍它呢? 因为芦苇有很多用途。芦苇的茎和根可以用来造纸,以前人们还用芦苇做扫帚,编席织帘,还用芦苇叶包粽子,芦苇的花、叶、茎、根可以做药材。

除人们熟知的这些作用外,芦苇在净化污水中也起到重要的作用,而且芦苇还为很多鸟类提供了栖息的环境,包括中国特有的珍稀鸟类——震旦鸦雀。因此,我们在合理利用芦苇的同时,还要考虑这些在野外生存的小动物们,保护它们赖以生存的家园。

双名法

每个物种的学名一般由两个部分构成:属名和种加词。属名由拉丁语法化的名词形成,但是它的字源可以是来自拉丁词、希腊词或拉丁化的其他文字构成。

书写方式为斜体,而且属名首字母须大写;种加词是拉丁文中的形容词,首字母不大写。

在种加词的后面加上命名人及命名时间,如果学名经过改动,则既要保留最初命名人,并加上改名人及改名时间。

命名人、命名时间一般可省略,而且不用斜体。

例如水杉:*Metasequoia*(属名,名词)+ *glyptostroboides*(种加词,形容词)+ Hu et W. C. Cheng(命名者或名字的缩写)。

学名为何使用拉丁语?其理由主要有:

1.林奈发明的双名法用于生物统一命名时,拉丁文是当时欧洲最为通行的语言,易被广泛接受。

2.拉丁语比较固定,变化甚少,语法严谨,容易被各国接受。

3.拉丁文语言发展慢,确保物种命名的唯一性。

湿地保护区

黄花狸藻

学名：*Utricularia aurea*　英文名：Yellow bladderwort

黄花狸藻多生长在静水中，如图2-11所示。狸藻属十分独特，是一种水生植物，但却是食虫植物，被人们戏称为"捉妖师"，武器就是侧扁的捕虫囊，能把低级甲壳纲动物和昆虫的幼虫都捉进自己的囊中，如图2-12。

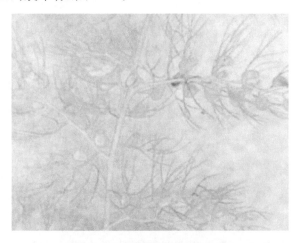

图2-11　黄花狸藻（陈明林　摄）

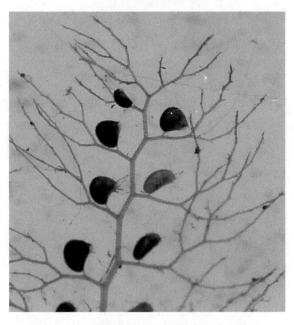

图2-12　黄花狸藻的捕虫囊（陈明林　摄）

进化论的奠基人达尔文就曾研究过黄花狸藻。达尔文详细叙述了它的捕虫囊及其组成部分("小活门"和瓣膜),捕虫囊壁薄,且存在许多外向的"泵",能使捕虫囊内的渗透压常低于外界,捕虫囊内部的水会因渗透作用而被排出,同时捕虫囊内也会产生微小的真空。捕虫囊只有一个开口,且开口处存在一个可由长触须触发的瓣膜,当有刺激引起长触须触发瓣膜时,囊盖会打开,从而释放捕虫囊内的真空压力,使捕虫囊口附近的水及物体被快速地吸入捕虫囊内。动物无法从陷阱里爬出来,只能在捕虫囊这个监牢里死掉或腐烂。

黄花狸藻囊内没有专门分泌消化液的小腺体。囊内有四齿和两齿的特别的叶片状突起物,能吞噬各种物质,如碳酸铵、硝酸铵和腐烂肉类汁液中的某些物质。除了这些突起物以外,这些小囊内还有小腺体,能吸收所需的养料。

达尔文不只限于研究狸藻属的常见型,而且考察了它的许多同种。狸藻分布广泛,全球除南极洲外,各大洲都存在其身影。它们全都能够非常出色地捕捉生活在水中和陆上的动物,不分泌消化液而吞噬由猎物腐化成的食物。它们或者是弹性的瓣膜,或者是用类似捕鱼篓子的工具捕捉猎物。

可供观赏的黄花狸藻的进化发展过程,是从水生到陆生再到水生。因而植物学家认为,陆地上的被子植物虽然由水生植物进化而来,但经过人工再次驯化,某些特有的植物可以返回水中生活。

想一想:你了解物种的进化过程吗?大部分动植物都是什么样的进化模式?如果黄花狸藻不是一个特例的话,还有哪些动植物的特殊例子?

你先想一想,我捉鱼去了

猜一猜3：蜻蜓和豆娘，你知道怎么区分吗？

你先想一想，
我捉鱼去了

想一想：请同学们观察你家周围有没有蜻蜓这一环境指示器呢？如果有，当观察到蜻蜓点水时，它们都在做什么呢？

_____

_____

_____

猜一猜2答案：

叶和花都由茎托出水面、花瓣很大的花是莲，学名：*Nelumbonucifera Gaertn*，英文名：Lotus flower；而那种叶和花大多都贴着水面生长的则叫睡莲，学名：*Nymphaeatetragona Georgi*，英文名：Water lily。它们都是多年生的水生草本植物。你猜对了吗？

睡莲和莲还有很多不同之处，如莲开花后，无论早晚，花都不再闭合，而睡莲晚上则要合上花瓣睡一觉。还有睡莲和莲的果实和种子也不同。

第三节　湿地动物

我国湿地类型多样,分布面积广阔,因而孕育了丰富多样的湿地野生动物。比较常见的昆虫、蛙、水鸟、鱼,以及不常见的扬子鳄、江豚等都是湿地动物。下面介绍几种典型的湿地动物。

普通翠鸟

学名:*Alcedo atthis*　英文名:Common Kingfisher

普通翠鸟是体长约15~18厘米的小型攀禽,如图2-13,2-14所示。普通翠鸟雌雄羽色相近。它的嘴巴长而且直,脖颈两侧有白色斑块,头和身上背部是蓝绿色,布满翠蓝色的斑点,跗跖(fū zhí,鸟类的腿以下到趾之间的部分,通常没有羽毛,表皮角质鳞状)及趾红色。同学们可以理解为它们的腿和脚都是红色的。橘黄色条带横贯眼部及耳羽,是普通翠鸟区别于其他翠鸟的识别特征。它们主要以鱼虾等动物为食,捕鱼本领强,通常单独行动,蹲守在湖泊、河流或小溪边的岩石或枝头上,注视水面,伺机入水捕食。

橘黄色条带横贯眼部及耳羽

捕鱼能手

翠鸟漂亮的羽毛也为它招来了杀身之祸。作为一种中国古老的传统金属细工技法"点翠",就是用翠鸟羽毛、纯银和其他装饰品制成。

图2-13　普通翠鸟

图2-14　普通翠鸟大小示意

　　普通翠鸟很常见,分布也比较广,似乎是很普通的鸟儿,为什么我们要单独介绍它呢? 通过它们的习性可以看出,普通翠鸟蹲点的水比较清澈,是监测水质状况的指示物种。因此,我们可以通过观察鸟儿来了解周围的生活环境。

白头鹤

学名:*Grus monacha*　英文名:Hooded Crane

　　白头鹤是大型涉禽,但它与鹤家族其他的丹顶鹤、黑颈鹤相比,体型偏小,如图2-15所示。白头鹤主要栖息于河流、湖泊的浅水滩头以及沼泽地。它们高约95厘米,体长(头颈伸直到趾)最长可达110厘米,如图2-16所示。成鸟头、颈白色,顶冠前黑色中间裸皮呈红色;身上的羽毛是深灰色,飞羽黑褐色。它们大多以家庭为单位小群活动。它们以鱼虾等水生动物以及农作物的种子为食,呈杂食性。

图2-15　白头鹤(升金湖保护区　提供)

图2-16　白头鹤高度示意

白头鹤是候鸟，它们在日本南部以及中国长江下游的大型湖泊、河流湿地越冬，每年大概10月抵达南方越冬，第二年3～4月飞回乌苏里江流域以及俄罗斯西伯利亚繁殖。白头鹤每巢产2枚卵，卵的颜色为绿红色。

白头鹤是湿地的旗舰物种，国家Ⅰ级重点保护野生动物。全球数量稀少，《世界自然保护联盟》（IUCN）2018年濒危物种红色名录列为易危（VU）。它们一部分小家庭每年会选择来安徽沿江的湖泊越冬，最近几年的统计显示，在升金湖越冬的白头鹤数量为300只左右。这么少的鸟儿，人类给白头鹤和迁徙的候鸟们留一片属于它们自己的地方，一点儿都不过分。

东方白鹳

学名：*Ciconia boyciana*　英文名：Oriental White Stork

东方白鹳是大型涉禽，体长110～130厘米，如图2-17所示，雌雄羽毛颜色相似。东方白鹳喙长而粗壮，呈黑色；眼睛周围、眼线胫、跗蹠及趾红色；身体上的羽毛（体羽）主要为纯白色；翅膀宽而长，飞羽和大覆羽黑色且呈金属光泽，如图2-18所示。

图2-17　东方白鹳高度示意

图2-18　飞翔的东方白鹳（顾长明　摄）

它们通常在湿地的浅滩处涉水觅食，主要以鱼虾、昆虫、蛙等为食，休息时常单足站立、颈常缩成"S"形，如图2-19所示。

图2-19　栖息的东方白鹳（顾长明　摄）

　　东方白鹳3月份开始繁殖，筑巢于高大乔木或建筑物上，每窝产卵3～5枚，白色，雌雄鸟轮流孵卵，孵化期约30天。由于部分区域缺少高大的树木，有的东方白鹳群体曾在高压线上营巢。

　　东方白鹳是国家Ⅰ级重点保护野生动物。东方白鹳在东亚地区曾经是常见的鸟类，由于非法狩猎、农药和化学污染等原因，种群数量在日本地区逐渐减少，仅能在冬季偶尔发现少量的越冬个体，而分布在朝鲜半岛的繁殖种群已于20世纪70年代初灭绝。

　　东方白鹳是冬候鸟，在北方繁殖，于长江下游及以南地区越冬。它是湿地的旗舰物种，《世界自然保护联盟》（IUCN）2018年濒危物种红色名录列为濒危（EN）。近几年的数据记录全世界有东方白鹳野生种群不到3 000只。

鸟类迁徙

鸟类迁徙是鸟类适应大自然环境的一种生存本能反应。鸟类伴随潮涨潮落和季节更替,在繁殖地和非繁殖地之间南北迁徙。这里的迁徙指的是有确定的目的,从一个地区或区域迁移到另一个地区或区域的活动,通常会在固定的季节或时间,遵循固定的线路,到达熟悉的目的地。

迁徙的意义:迁徙对动物的生存至关重要,它使动物个体能够逐渐进化,在遭遇食物缺乏或极端天气时,可迁移到另一个地方或多个地方生存。迁徙的其他原因还包括:寻找水源,寻求配偶,在安全的地点产仔或育幼,躲避捕食者等。

鸟类迁徙的一些特点:

1.守时。迁徙的鸟类就像身体里有"时间调节器"或者"生物钟"一样,通过精确遵守时间与外界的变化协调一致,并在预定的时间开始和结束旅程。鸟类严格遵守24小时的节律(日节律)和白昼长短或季节变化这样长时间的活动周期(年节律)。动物可能还有"节拍器"用以整体地调节日节律和年节律。

2.活着完成旅程。很多鸟儿需要做好充分的准备,如需要完成换羽过程再开始迁徙,更换老旧的羽毛以应对未知的旅程,同时出发前会大量进食。它们通常集聚成大群迁徙,还会通过借助外力,如风、洋流、间歇性迁徙来降低迁徙过程中的风险。

3.头脑中的地图。很多鸟类在没有父母的指引情况下完成了首次旅行任务,它们当中有很多甚至再未见过父母,如同在出生前就在它们头脑里植入了"内置地图"或GPS一样。

请不要捣毁鸟巢

猜一猜4:白鹭是常见的水鸟,如何识别以下三张图片中的大白鹭和小白鹭?

飞行　　　　　　　　繁殖羽　　　　　　　　非繁殖羽

你先想一想,
我捉鱼去了

想一想:答案中只是将大白鹭和小白鹭最显著的区分方法介绍给同学。如果同学有兴趣,还可以区分大白鹭、中白鹭和小白鹭。即使是同一种鸟,繁殖期间羽毛形态颜色可能都不同,请同学们仔细观察,并把这些区别记录下来。

猜一猜3答案:

体型纤细,栖息时,习惯将两对大小形状相同的翅膀合并叠在背上的是豆娘(英文名:Damselfly);而腹部扁平,较粗一些,两对翅膀大小不一,停歇时,翅膀展开在身体两侧的是蜻蜓(英文名:Dragonfly)。同学们,你猜对了吗!

学习园地2：查资料、做选择

难度1

1.迁徙路线最长的动物是_____。

A.斑尾塍（chéng）鹬（yù）　　　　B.北极燕鸥

备注：这种动物每年经历两个夏季，从北极的繁殖区南迁至南极洲附近的海洋，之后再北迁回繁殖区，全部行程超过40 000千米，这是已知的动物中迁徙路线最长的。

2.已知候鸟单次飞行距离最长的是_____。

A.斑尾塍鹬　　　　　　　　B.北极燕鸥

备注：这是世界上陆禽和水禽中单次连续飞行距离最长的鸟类。他们会以消耗自己内脏来完成长达200小时（8天不吃不喝）的连续飞行。

难度2

3.全球有哪几条候鸟迁徙路线_____。

A.大西洋路线　　　　B.黑海至地中海路线　　　　C.东非至西亚

D.中亚路线　　　　　E.东亚至澳大利亚　　　　　F.美洲至太平洋

G.美洲至密西西比　　H.美洲至大西洋

4.哪几种鸟是国家Ⅰ级重点保护野生动物_____。

A.中华秋沙鸭　B.东方白鹳　C.白冠长尾雉　D.白头鹤

E.白鹮　F.白肩雕　G.金雕　H.白颈长尾雉　I.大鸨　J.鸳鸯

动动手

1.请简单手绘一幅中国地图略图(注意:请参照权威的地图版式将中国地图版图画全);

2.上网搜索鸟类经过中国的有哪几条迁徙路线;

3.在手绘地图上画出路线图;

4.分享给家长和同学。

中华鲟

学名：*Acipenser sinensis*　英文名：Chinese Sturgeon

中华鲟所属的鲟鱼类最早出现于距今2亿3千万年前的早三叠世，一直延续至今，可谓"活化石"，如图2-20所示。

图2-20　中华鲟（杜浩　摄）

中华鲟体长平均约3.5米，最长可达5米，最大个体体重记录达700千克。

每年10～11月，生活在长江口外浅海域的中华鲟回游到长江，历经超过3 000千米的溯流搏击，才回到金沙江一带产卵繁殖。产后待幼鱼长大到15厘米左右，又携带它们旅居外海。它们就这样世世代代在江河上游出生，在大海里生长。

中华鲟生命周期较长，最长寿命可达40岁，是国家Ⅰ级重点保护野生动物，分布于中国、日本、韩国、朝鲜和老挝。

依法保护野生动物

——《中华人民共和国刑法》（摘录）

第三百四十一条　【非法猎捕、杀害珍贵、濒危野生动物罪】【非法收购、运输、出售珍贵、濒危野生动物、珍贵、濒危野生动物制品罪】非法猎捕、杀害国家重点保护的珍贵、濒危野生动物的，或者非法收购、运输、出售国家重点保护的珍贵、濒危野生动物及其制品的，处五年以下有期徒刑或者拘役，并处罚金；情节严重的，处五年以上十年以下有期徒刑，并处罚金；情节特别严重的，处十年以上有期徒刑，并处罚金或者没收财产。

【非法狩猎罪】违反狩猎法规，在禁猎区、禁猎期或者使用禁用的工具、方法进行狩猎，破坏野生动物资源，情节严重的，处三年以下有期徒刑、拘役、管制或者罚金。

长江江豚

学名：*Neophocaena asiaeorientalis*　英文名：Finless Porpoise

长江江豚俗称"江猪"，分布在长江中下游一带。2018年4月11日被升级为独立物种。长江江豚全身铅灰色或灰白色，体长120～190厘米，体重100～220千克，如图2-21所示。

长江江豚主要以鱼类为食，也吃虾或乌贼等。长江江豚呼吸间隔一般为1分钟左右，但如果受到惊吓，下潜的时间可长达8～9分钟。长江江豚与其他豚类的最大区别是它没有背鳍。

长江江豚是哺乳动物，胎生，每胎产1仔。小江豚出生不久后，江豚妈妈会以驮带、携带的方式保护和帮助幼仔。驮带时，豚宝宝的头部、颈部和腹部会紧贴着豚妈妈斜趴在背部，相继露出水面呼吸，非常可爱。

图2-21　长江江豚（杨光　摄）

长江江豚已被列为国家Ⅰ级重点保护野生动物，《世界自然保护联盟》（IUCN）2018年濒危物种红色名录列为极危（EN）。

2018年，最新的一次长江淡水豚考察显示，长江江豚种群数量仅为1 012头，少于野外大熊猫的数量，而且呈加速下降趋势，多个小群体被迫长期隔离，生活在分割的水域，江豚保护形势非常严峻。

江豚面临的威胁

从目前收集的长江江豚死亡样本可以发现,绝大部分江豚的死亡是因为人类活动造成的。专家列出威胁江豚生存的六大"杀手":

1.过度捕捞。过度捕捞造成的鱼类资源衰退,导致了长江江豚食物的短缺。

2.非法渔具。如滚钩、迷魂阵,甚至毒鱼、炸鱼、电鱼等,导致江豚直接伤害甚至死亡。

3.航运船舶。长江上繁忙的高密度的航运船舶挤占了江豚的生存空间,螺旋桨可能直接击伤江豚,轮机巨大的轰鸣声干扰江豚的声呐系统,扰乱它们的通讯和觅食行为。

4.水利工程。修建大坝会改变大坝下游河流水文特征,进而影响下游生物以及江豚食物鱼类的洄游。

5.水体污染。严重污染的水体会导致江豚中毒死亡。

6.生活环境变化。长江干流和两大湖区的大量采砂活动,破坏了河流、湖泊的底质,使沉积的有机物减少,底栖生物和植物消失,严重破坏了江豚和鱼类的栖息地。

长江江豚面临着与白鳍豚同样的威胁,野外数量急剧下降。

你先想一想,我捉鱼去了

想:江豚是哺乳动物,那河豚呢?海洋里面的海豚、鲸鱼以及鲨鱼是鱼还是哺乳动物?

_____

_____

_____

扬子鳄

学名：*Alligator sinensis*　英文名：Chinese Alligator

扬子鳄或称作鼍（tuó），古代还叫它鼍龙、土龙、猪婆龙等，是中国特有的一种鳄鱼。扬子鳄属于爬行动物，卵生，如图2-22所示，因其生活在长江流域，而长江又叫"扬子江"，故称"扬子鳄"，如图2-23所示。

图2-22　扬子鳄的卵（晏鹏　摄）

图2-23　扬子鳄（吴孝兵　摄）

扬子鳄是变温动物,大部分时间都在水中生活,同时又需要在陆地构建洞穴,用于冬眠和躲避敌害,因此适宜生活在温湿的湖沼滩地或长满蓬蒿的丘陵山塘。扬子鳄喜静,主要以鱼、虾、软体动物为食。很多人对扬子鳄有误解,其实扬子鳄是很温顺的,也很怕人,只要不在繁殖期间干扰它,它基本不具攻击性。目前,野生扬子鳄主要分布于安徽宣城、芜湖的库塘和河流湿地中。

扬子鳄是国家 I 级重点保护野生动物,《世界自然保护联盟》(IUCN) 2018年濒危物种红色名录列为极危(CR)。

拓展阅读

鳄鱼的分类

鳄类的分布局限于赤道两侧的热带和亚热带大陆地区,集中在亚洲北纬32°到大洋洲南纬25°、非洲北纬32°至南纬30°、美洲北纬35°至南纬34°。现在地球仅存有23种鳄,其中只有扬子鳄和密河鳄(密西西比鳄)栖息于亚热带,有冬眠习性。

以肉食为生的鳄类食谱很多。

幼鳄期捕食昆虫、甲壳类和鱼苗等。随着身体渐渐长大,所捕获的猎物逐渐转为大型动物,如野牛、斑马等。能够捕获这种大型猎物的鳄属于大型鳄,成年体长在3米以上,这种类型的鳄只占一小部分,其他鳄类因为体型小,没有能力捕食大型猎物。

能吃牛羊甚至吃人的鳄只是少数几种。大多数鳄非但不吃人,甚至怕人,如中国的扬子鳄。个头大的鳄,如成年后体长达4米以上的印度食鱼鳄,虽然属于大型鳄类,但胆小如鼠,非常怕人,也不吃大型动物,主要以食鱼为主。

学名: *Hoplobatrachus rugulosus*　英文名: Tiger frog

虎纹蛙的头部一般呈三角形,较尖,游泳时可以减少阻力,便于快速游动,如图2-24所示。它长得魁梧壮实,有"亚洲之蛙"的美称,是国家Ⅱ级重点保护野生动物。虎纹蛙雌性比雄性大,体长可超过12厘米,体重250～500克;皮肤较为粗糙,头部及体侧有深色不规则的斑纹,由于这些斑纹看上去略似虎皮,因此得名。雄性头部腹面的咽喉侧部有一对淡蓝色囊状突起物,叫做声囊,是一种共鸣器,能扩大喉部发出如犬吠一样的洪亮叫声,起到吸引雌性的作用。

图2-24　虎纹蛙（吴孝兵　摄）

虎纹蛙常生活于丘陵地带海拔900米以下的水田、沟渠、水库、池塘、沼泽地等处,以及附近的草丛中。

虎纹蛙是冷血的变温动物,以冬眠的方式度过寒冷的冬天,在进入冬眠前,往往有一个积极取食的越冬前期,此时它大量地捕食,为越冬储存养料。

虎纹蛙的食物种类很多,其中主要以昆虫为食,令人难以置信的是它还吃泽陆蛙、黑斑侧褶蛙等蛙类,且在虎纹蛙的食物中占有很重要的位置,的确是蛙类中名不虚传的"猛虎"。

由于眼睛的结构特点,一般蛙类只能看到运动的物体,捕食活动的食物。但虎纹蛙与一般蛙类不同,不仅能捕食活动的食物,而且可以直接发现和摄取静止的食物,它对静止食物的选择不但凭借视觉,而且还凭借嗅觉和味觉,如死鱼、死螺等有泥腥味的水生生物的尸体。

依法保护野生动物
——《中华人民共和国野生动物保护法》（摘录）

本法规定的野生动物及其制品，是指野生动物的整体（含卵、蛋）、部分及其衍生物。本法规定的野生动物栖息地，是指野生动物野外种群生息繁衍的重要区域。

第六条　任何组织和个人都有保护野生动物及其栖息地的义务。禁止违法猎捕野生动物、破坏野生动物栖息地。

第十条　国家对野生动物实行分类分级保护。国家对珍贵、濒危的野生动物实行重点保护。国家重点保护的野生动物分为一级保护野生动物和二级保护野生动物。

第二十条　在相关自然保护区域和禁猎（渔）区、禁猎（渔）期内，禁止猎捕以及其他妨碍野生动物生息繁衍的活动，但法律法规另有规定的除外。

第二十一条　禁止猎捕、杀害国家重点保护野生动物。

猜一猜4答案：

小白鹭（学名：*Egretta garzetta*，英文名：Little Egret），也就是狭义的白鹭，也叫白翎鹭（sī），因为繁殖期脑袋后面有一两根细长的翎子，长度可达20多厘米，形成小白鹭标志性的模样。另外，黄色的爪子是它的"身份证"。

根据以上特征，我们知道第二和第三张图片里的是小白鹭。

大白鹭（学名：*Ardea alba*，英文名：Great Egret），体大，成年个体长可达95厘米，而中白鹭体型相对较小，成年个体长可达69厘米，小白鹭体型更小。大白鹭的脖子弯曲的"S"形极为明显，下巴都感觉要枕到脖子上了。大白鹭的脖子较中白鹭的脖子修长得多。

所以，根据以上特征，我们知道第一张图片里的是大白鹭。

小白鹭

大白鹭

中白鹭

学习园地3：鸟类观察

难度1

1.提前学习了解在本地区都有哪些常见的鸟。

2.在野外观鸟时，不要穿着鲜艳颜色的衣服，穿迷彩或和自然色相近的衣服。

3.带上望远镜等辅助设备。

4.带上笔记本，记录看到的鸟儿们长什么样，如羽毛颜色、身体大小等，以及具有什么特点。

5.带上观鸟指南，对应书上的介绍观鸟。

切记在野外观鸟的时候，应注意在远处观看，不要打扰鸟儿，也不应该追逐、捕捉鸟儿。此外，在野外观鸟时，如若看到有人用网、枪猎捕鸟儿时，应及时向当地林业行政主管部门或者森林公安举报。

难度2

在野外观鸟时，可带上双筒或单筒望远镜，在没有望远镜的情况下，可以用相机拍下来，回家放大看。在野外观鸟可是一项技术活哟，它需要眼看、耳听、心想、手记才能完成。

一、眼看

(一)羽色

观察鸟类的羽毛颜色时应顺光观察，逆光看容易产生错觉。观察时，除注意整体颜色之外，还要在短时间内看清头、背、尾、胸等主要部位，并抓住一两个显著特征，如头颈、眉纹、眼圈、翅斑、腰羽及尾端等处的鲜艳或异样色彩。例如：

1.几乎全为黑色者：鸬鹚、红骨顶、白骨顶、秃鼻乌鸦、大嘴乌鸦及小嘴乌鸦等。

2.黑白两色相嵌者：白鹳、黑鹳、凤头潜鸭、白翅浮鸥、丹顶鹤、白鹤(飞行时)、喜鹊、八哥(飞行时)等。

3.几乎全为白色者：天鹅、白鹭、朱鹮等。

4.以灰色为主者：灰鹤、杜鹃、岩鸽、灰卷尾等。

5.灰白两色相嵌者：白头鹤、白枕鹤、苍鹭、银鸥、红嘴鸥、白胸苦恶鸟、燕鸥、白额燕鸥等。

6.以蓝色为主者:蓝翡翠、翠鸟、三宝鸟、蓝翅八色鸫、红嘴蓝鹊、蓝歌鸲、红胁蓝尾鸲、红尾水鸲、蓝矶鸫。

7.以绿色为主者:绯胸鹦鹉、栗头蜂虎、绿啄木鸟、大拟啄木鸟、绣眼及柳莺等。

8.以黄色为主者:黄鹂、黄腹山雀、金翅、黄雀等。

9.以红色或锈红色为主者:红腹锦鸡、朱背啄花鸟、黄腰太阳鸟、栗色黄鹂以及红隼、棕背伯劳、棕头鸦雀和锈脸钩嘴鹛等。

10.以褐色或棕色为主者:种类繁多,如部分雁、鸭、鹰、隼、鸥鹬、鹬、斑鸠、雉鸡、云雀、鹨、伯劳、画眉、树莺、苇莺、扇尾莺、旋木雀等。

(二)形态特征

在看形态特征的时候首先判断其大小,与自己熟悉的鸟类做比较,其次看它的嘴、尾的形状、脚的长短等。

1.身体的大小和形状:与麻雀相似的有文鸟、山雀、金翅、燕雀等;与八哥相似者有椋鸟、鸫等;与喜鹊相似的有灰喜鹊、灰树雀、红嘴山鸦、杜鹃、乌鸦;与老鹰相似的有鹰、隼、鹞、鸳等,大型的有鸳及雕;与鸡相似者有松鸡、榛鸡、石鸡、竹鸡、马鸡、勺鸡、长尾雉、白鹇及鹧鸪等;与白鹭相似者有多种鹭类等,大型的有鹳及鹤。

2.嘴的形状:长嘴的有翠鸟、啄木鸟、沙锥、鹭、苇鳽、鹳及鹤等,嘴向下弯曲者有戴胜、杓鹬及太阳鸟等,嘴先端膨大者有琵嘴鸭及勺嘴鹬等,嘴呈宽而短的三角形者有夜鹰、雨燕、燕子及鸫等。

3.尾的形状:短尾的有鹇鹛、鹌鹑、斑翅山鹑、八色鸫、鹟鹛等,长尾者有马鸡、长尾雉、雉鸡、杜鹃、喜鹊、寿带等,叉尾者有燕鸥、雨燕、燕子、卷尾及燕尾等。

4.腿的长短:腿特别长的有鹭、鹳、鹤、鸨、鸻、鹬等。

二、耳听

鸟类在繁殖期频繁鸣啭,其声因种而异,各具独特音韵,据此识别一些隐蔽在高枝密叶间、难以发现的或距离较远的鸟类,可收到事半功倍的效果。在野外常听到的鸣声,大致有以下几类:

1.婉转多变:绝大多数雀形目鸟类的鸣啭韵律丰富,悠扬悦耳,但各有差异,如百灵、云雀、画眉、红嘴相思鸟、乌鸫、鹊鸲、八哥、黄鹂及白头鹎等;有的还能仿效他鸟鸣叫,如画眉、乌鸫;有的还能发出像猫叫的声音,如黄鹂。

2.重复音节:清脆单调,多次重复。重复一个音节的有灰喜鹊、煤山雀等,重复两个音节的有黑卷尾、黄腹山雀等,重复三个音节的有戴胜、大山雀等,重复四个音节的有四声杜鹃等,重复五、六个音节的有小杜鹃等,重复八九个音节的有冠纹柳莺等。

3.吹哨声:响亮清晰,轻快如铃,如山树莺。

4.尖细颤抖:多为小型鸟类,飞翔时发出的叫声即颤抖又尖细拖长,如翠鸟、小尾燕等。

5.粗厉嘶哑:叫声单调、嘈杂、刺耳,如雉鸡、野鸭、绿啄木鸟、三宝鸟、大嘴乌鸦、伯劳等。

6.低沉:单调轻飘的如斑鸠,声如击鼓的如董鸡等。

三、心想

在看完、听完鸟儿的各种特征之后当然要用小伙伴们聪明的脑子记下以上特征,而且不同鸟儿的生活习性也不一样,在野外观鸟的时候可以通过对所处地方的不同而缩小对鸟的搜索范围。在野外识别鸟类的方法可以组合运用,尤其对一些善于鸣叫的鸟类,常循其鸣声进一步观察形态与颜色以确切辨认。最后,在头脑把特征综合起来之后,就可以调用如网络等各种资源来对所观察到的鸟儿进一步了解。

喜欢直线飞行的鸟有野鸭、天鹅、杜鹃、乌鸦等;盘旋飞行的是鹰类;波浪式飞行的鸟有啄木鸟、戴胜;飞行速度极快而又常改变方向的有雨燕;草原上的云雀常往高空飞,而且边飞边叫;沿溪流飞行的红色长嘴的绿色小鸟多是翠鸟;伯劳有独特的取食习性,它们常停在树枝上,发现猎物再起飞捕捉,然后返回原处啄食;在悬崖峭壁营巢的多数是鹰类;在水中造浮巢的是鸊鹈;把两片大叶子合在一起做巢的是缝叶莺;用草茎或纤维做成蒸馏瓶形挂巢的是织布鸟等。

此外,由于鸟类的食性不同,导致它们的身体结构也相应地有所不同。食鱼虾的鸟类嘴形大多长阔而尖锐,如鹭、鹳;鸭类需要在水中游泳觅食,所以它们脚趾间具蹼;啄木鸟由于要从树洞中钩取害虫,它的舌头长得很长,而且先端生有短钩;吃植物种子的鸟,它们的喙大多短而坚,有利于啄破外壳。

四、手记

除了眼看、耳听、心想外，我们可以准备一个长期观察的记录本。

1.将以上所看和所听的鸟类的特征记录下来；

2.翻阅图鉴对应找到鸟种；

3.计数，数一数看到的有多少只；

4.记录当天的天气、周围的环境情况等。

当这个记录积累一段时间后，你就可以更深刻地了解你周围小鸟的习性了。把这个过程写下来，会是一篇很有意思的作文！

学习园地1答案

年份	主题（英文）	主题（中文）
1997	Wetlands: a Source of Life	湿地是生命之源
1998	Water for Wetlands, Wetlands for Water	湿地之水，水之湿地
1999	People and Wetlands: the Vital Link	人与湿地，息息相关
2000	Celebrating Our Wetlands of International Importance	珍惜我们共同的国际重要湿地
2001	Wetlands World - A World to Discover	湿地世界——有待探索的世界
2002	Wetlands: Water, Life, and Culture	湿地：水、生命和文化
2003	No Wetlands - No Water	没有湿地——就没有水
2004	From the Mountains to the Sea, Wetlands at Work for Us	从高山到海洋，湿地在为人类服务
2005	Culture and Biological Diversities of Wetlands	湿地生物多样性和文化多样性
2006	Wetland as a Tool in Poverty Alleviation	湿地与减贫
2007	Wetlands and Fisheries	湿地与鱼类
2008	Healthy Wetland, Healthy People	健康的湿地，健康的人类
2009	Up Stream, Down Stream, Wetlands Connect Us All	上游至下游，湿地维系我和你
2010	Wetland, Biodiversity and Climate Change	湿地、生物多样性与气候变化
2011	Forest and Water and Wetland is Closely Linked	森林与水和湿地息息相关
2012	Wetlands and Tourism	湿地与旅游
2013	Wetlands and Water Resource Management	湿地与水资源管理
2014	Wetlands and Agriculture	湿地与农业
2015	Wetlands: Our Future	湿地：我们的未来
2016	Wetlands for Our Future: Sustainable Livelihoods	湿地关乎我们的未来：可持续的生计
2017	Wetlands for Disaster Risk Reduction	湿地减少灾害风险
2018	Wetlands for Sustainable Urban Future	湿地：城镇可持续发展的未来
2019	Wetlands and Climate Change	湿地与气候变化
2020	Wetlands and Biodiversity	湿地与生物多样性

动动手

请为下面几幅野生动物图片上色。

普通翠鸟

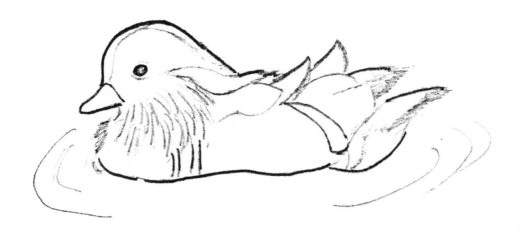

鸳鸯（雄性）

第四节　湿地中的生态平衡

生态平衡

　　生态系统处于平衡状态时,系统内各组成成分之间保持一定的比例关系,能量、物质的输入与输出在较长时间内趋于相等,结构和功能处于相对稳定状态,在受到外来干扰时,能通过自我调节恢复到初始的稳定状态,就称之为生态平衡,如图2-25所示。在一个生态系统中,生物的数量和种类越多,结构越复杂,生态系统的自我调节能力就越强;相反,如果生态系统物种比较单一,结构简单,某种动物就以一种植物为食,那么该生态系统就比较脆弱,在这样的生态系统里,很可能仅某种植物的数量发生改变就导致整个生态系统崩溃。

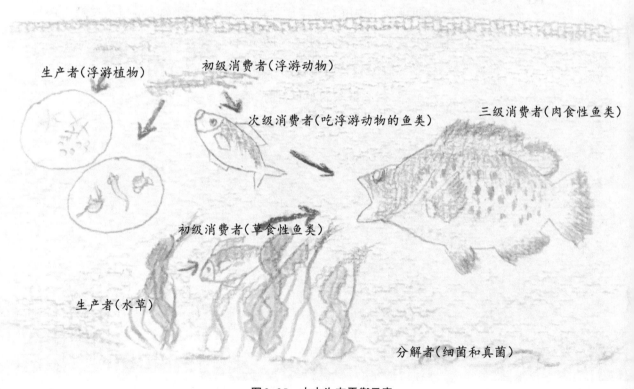

生产者(浮游植物)　　初级消费者(浮游动物)

次级消费者(吃浮游动物的鱼类)　　三级消费者(肉食性鱼类)

初级消费者(草食性鱼类)

生产者(水草)

分解者(细菌和真菌)

图2-25　水中生态平衡示意

平衡的影响者——人

大自然非常神奇，她能够自我调节，许多物种通晓大自然的语言，可以在适当的时候用适当的方式做适当的事。

人也是自然当中的一分子，并且起到了关键的作用。

春天来了，湿地土壤中的种子开始萌发，长出了新鲜的嫩叶；湿地植物净化着湖水，保证其清澈干净；兔子吃了湖边的草，湖里的鱼吃了水草和浮游生物；兔子生了一窝小兔子，鹰在天上盘旋着找到了一只小兔子；水鸟鸬鹚来来回回在湖边绕，吃着小鱼；渔民划着小船把大鱼捞了上来。

在一个生态系统中，如果想达到平衡，说得通俗点就是每个物种都有足够的食物可以吃。

在这个系统中，太阳为陆上和水里的植物提供能量，动物的粪便排到土壤里变成了肥料滋养植物，排到了湖泊里为浮游生物提供营养；茂盛的植物保证兔子有足够食物，浮游生物保证鱼有足够食物；兔子生了小兔子，保证鹰有足够食物；鱼有栖息的环境产了卵，有了更多的小鱼，保证鹰、水鸟鸬鹚和人有足够食物。

在这个系统中，渔民用传统方式捕鱼，不把鱼全部捞完，保证鱼儿能够繁衍。鹰吃了兔子，水鸟吃了鱼，保证兔子不把陆上的植物吃完，保证鱼不把水草吃完；而湿地植物的生长，净化了水质，为人类和其他动物提供干净的水资源……

当某一个环节被打破时，自然就不再平衡。

渔民如果某天突然想通过极端而快速的方式发财致富，在湖旁边开个农家乐，吸引游客吃螃蟹和观鸟，在原有生态环境下，大量养殖螃蟹。螃蟹和草食性鱼把水草吃没了，水草不再生长，鱼少了，东方白鹳不再光顾，来观鸟的人少了；螃蟹产量变少了，净化水质的水草没有了，湖水变成了臭水塘，于是这个生态系统被破坏，他的发财梦也就化为泡影。

生物多样性

我国是世界上生物多样性（biodiversity）最为丰富的12个国家之一，拥有森林、灌丛、草甸、草原、荒漠、湿地等地球陆地生态系统，以及黄海、东海、南海和黑潮流域4大海洋生态系统。我国拥有高等植物34 984种，居世界第三位；脊椎动物6 445种，占世界总种数的13.70%；已查明真菌种类1万多种，占世界总种数的14%。

生物多样性是生物（动物、植物、微生物）与环境形成的生态复合体以及与此相关的各种生态过程的总和，包括生态系统、物种和基因三个层次。

1.生态系统的多样性主要是指地球上生态系统组成、功能的多样性以及各种生态过程的多样性，包括生境的多样性、生物群落和生态过程的多样化等多个方面。其中，生境的多样性是生态系统多样性形成的基础。从生态系统的多样性讲，这个生态系统相当于生物多样性的一个"国家"，里面包括了森林多样性、草原多样性、湿地生态系统的多样性、海洋生态系统的多样性。大的生态系统多样性还分很多小的生态系统多样性，如森林多样性包含热带雨林生态系统多样性、暖温带阔叶林生态系统多样性等。

2.物种多样性是指地球上动物、植物、微生物等生物种类的丰富程度。物种多样性包括两个方面，一是指一定区域内的物种丰富程度，可称为区域物种多样性。全世界的物种估计为500万到3 000万种，而有记载的物种大概150万种。二是指生态学方面物种分布的均匀程度，可称为生态多样性或群落物种多样性。

3.任何一个物种或一个生物个体都保存着大量的遗传基因，因此可被看作是一个基因库（Gene pool），如水稻是一个种，里面有很多的品种，中国涉及的水稻品种资源有5万份，成千上万个品种、品系，就是基因的多样性，因为它表达的性状是不一样的。一个物种所包含的基因越丰富，它对环境的适应能力越强。基因的多样性是生命进化和物种分化的基础。

生态平衡的一个关键因素在于各个元素都不超过承载力的上限，即某种个体存在数量的最高极限。尽管生态系统能够自我调节达到平衡，但是某个元素一旦超过某个极限数值，平衡就会被打破，就需要寻找新的平衡。

你先想一想，我捉鱼去了

　　想一想：上面两幅画面，你更喜欢哪一幅？为什么？这和生物多样性有什么关系？

_____

_____

_____

　　如前所述，生物多样性越丰富（生物的数量和种类越多），生态系统越健康，那么我们能从其他地方带一些生物来到我们家乡，让家乡的生物多样性更丰富吗？

　　答案是否定的！

NO!

　　因为引入的物种很可能会给我们带来困扰和无穷的麻烦！

　　同学又问，那如果有一个外来物种，我们能不能引入它的天敌呢？答案依然是否定的，因为所造成的后果完全无法评估，很可能不仅问题没有解决，还带来了更多的困扰和麻烦。

平衡的破坏者——入侵物种

一个外来物种引入后,有可能因不能适应新环境而被排斥在系统之外,这些物种大多需要在人为照管下才能生存,对环境并没有危害。

外来物种有可能因新的环境中没有相抗衡或制约它的生物,即没有天敌的控制,加上旺盛的繁殖力和强大的竞争力,则可能成为真正的入侵者,打破当地生态平衡,改变或破坏当地的生态环境,排挤环境中的原生种,严重破坏生物多样性。

判断是否为入侵物种的标准:

1.通过自然原因或有意无意的人类活动而被引入的一个非本区域物种。

2.在当地的自然或人造生态系统中形成了自我再生能力,具有高生长速度、强大繁殖能力和快速蔓延的能力。

3.可耐受各种环境,改变生长模式以适应现有环境,给当地的生态系统或地理结构造成明显的影响或损害。

目前常听到或见到的外来入侵物种：

福寿螺

学名：*Pomacea canaliculata*　英文名：Apple snail

外观和田螺非常相似，个体大，每只100～150克，最大个体可达250克以上，原产于南美洲亚马孙河流域。

福寿螺卵呈圆形，直径2毫米，初产卵粉红色至鲜红色，卵的表面有一层不明显的白色粉状物，如图2-26所示，在5～6月的气温条件下，5天后变为灰白色至褐色，这时卵内已孵化成幼螺。每次产卵一块，200～1 000粒，一年可产卵20～40次，产卵量3万～5万粒；一个雌螺经一年两代共繁殖幼螺32.5万余个，繁殖力极强，如图2-27所示。

图2-26　福寿螺（吴孝兵　摄）

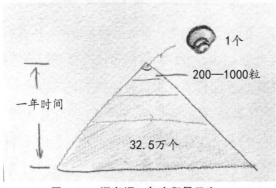

图2-27　福寿螺一年产卵量示意

福寿螺20世纪70年代引入中国台湾，1981年由巴西籍华人引入广东。1984年后，福寿螺已在广东广为养殖，由于过度养殖，加上味道不好，它被释放到野外。

福寿螺适应环境的生存能力很强，又繁殖得快，因此迅速扩散于河湖与田野。福寿螺除摄食水稻等水生植物外还传播广州管圆线虫等疾病。

巴西红耳龟

学名：*Trachemys scripta elegans*　英文名：Redeared slider

巴西红耳龟也叫巴西龟、红耳龟、小彩龟，属于泽龟科滑龟属，是一种水栖龟类。巴西红耳龟因其头顶后部两侧有2条红色粗条纹而得名，如图2-28所示。

图2-28　巴西红耳龟（吴孝兵　摄）

巴西红耳龟原产于美国中部至墨西哥北部，具有适应性强、容易饲养、生长繁殖快、产量高、抗病害能力强和经济效益高的特点，现已成为全世界爬行类宠物贸易中最常见的物种。

红耳龟整体繁殖力强，存活率高，觅食、抢夺食物能力强于任何中国本土龟种，具有极强的种间竞争力。扩散到野外的巴西红耳龟会掠夺其他生物的生存资源，与扩散地区的本土龟类争食，抢夺栖息地和产卵场所，排斥、挤压它们的生存空间。因此，巴西红耳龟绝对不可以放生到野外。

加拿大一枝黄花

学名：*Solidago canadensis*　英文名：Garden gadenrod

加拿大一枝黄花原产北美，属于菊科一枝黄花属，多年生草本植物，根状茎发达，茎直立，高达2.5米，如图2-29所示。加拿大一枝黄花叶呈披针形或线状披针形，长5～12厘米。加拿大一枝黄花头状花序很小，长4～6毫米，在花序分枝上单面着生，多数弯曲的花序分枝与单面着生的头状花序，形成开展的圆锥状花序，图2-30所示。加拿大一枝黄花总苞片呈线状披针形，长3～4毫米，边缘舌状花很短。11月底至12月中旬果实成熟，一株植株可形成2万多粒种子，扩散能力极强。

图2-29　加拿大一枝黄花（陈明林　摄）　　图2-30　加拿大一枝黄花花序（陈明林　摄）

加拿大一枝黄花花形色泽亮丽，常用于插花中的配花。1935年作为观赏植物引入中国，是外来生物，引种后逸生成杂草，并且是恶性杂草。加拿大一枝黄花主要生长在河滩、荒地、公路两旁、农田边、农村住宅四周，是多年生植物，根状茎发达，繁殖力极强，传播速度快，生长优势明显，生态适应性广阔，与周围植物争阳光、争肥料，直至其他植物死亡，从而对生物多样性构成严重威胁，可谓是黄花过处寸草不生，故被称为生态杀手、霸王花。

除上述几个物种外,常见的入侵物种还有喜旱莲子草(如图2-31所示)和凤眼莲(如图2-32所示)。喜旱莲子草和凤眼莲分别于20世纪30年代和50年代作为动物饲料引入种植,后因不再将其当作动物饲料而逸为野生。由于这两种植物繁殖速度极快,就出现喜旱莲子草和凤眼莲覆盖水面的现象,造成堵塞河道,阻碍排灌、航运及破坏水生生态系统等危害。目前,江淮地区许多池塘湿地均为喜旱莲子草单优势种,并由此造成大量池塘退废。

图2-31　喜旱莲子草(陈明林　摄)

图2-32　凤眼莲(陈明林　摄)

学习园地4：哪个生态系统更好更健康？好在哪里？不好的又有哪些弊端？

生态系统1：稻鱼鸭复合系统

稻鱼鸭共生系统是中国南方一种长期发展的自我平衡的农业生态系统，其主要特征是在水稻田中养鱼、养鸭，水稻与田里的鱼鸭共生。这种系统由于没有化学农药的投放，对周遭的生态环境没有破坏。

稻鱼鸭复合田

一千多年前，聪明的老百姓发明了在稻田中同时养鱼（从《黎平府志》的记载可以了解到，这里主要指的是鲤鱼）和鸭的方法。每年春天，谷雨前后，农民把秧苗插进稻田，鱼苗也就跟着放了进去，等到鱼苗长到两三指长，再把雏鸭按合理的比例，放入稻田中饲养。鱼、鸭的活动对水稻田有除草、松土、保肥施肥、促进肥料分解、有利于水稻分蘖和根系发育、控制病虫害的作用，稻草为鱼儿和鸭子遮阴蔽日，稻株中落下的昆虫是鱼和鸭的食物，水底生活的底栖生物也为鱼和鸭提供食物，让它们迅速"增肥"。最后，在这片稻、鱼、鸭和谐共生的环境中，稻田养鱼、鱼养鸭，实现稻、鱼、鸭三丰收。

可别小看了这个生态系统，2011年6月，贵州从江侗乡稻鱼鸭复合系统被联合国粮农组织列为全球重要农业文化遗产的保护试点。稻鱼鸭共生系统的代表是贵州省从江县，稻鱼共生系统的代表是浙江省青田县。

需要注意的是：稻田根据不同的地势和气候条件，种植的稻种和放养的鱼频率密度错落有别，养鸭受到农户田块集中程度和大小等因素的制约。我们的祖先经过反复摸索,寻找出了适合当地的生态系统模式。我们应该向我们的祖辈学习,学会顺应规律,不盲目跟风,因为并不是所有稻田都适合养鱼或养鸭。

在下图中寻找这些动物和植物之间的关系,画线,标出箭头。

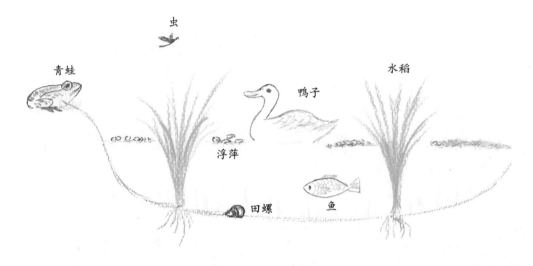

生态系统2:生态瓶

画出生态瓶中的生态系统图,寻找这些动物和植物之间的关系,画线,标出箭头。

同学们可能会看到上面这样的一个瓶子,做法如下。

准备:(1)容器:2升无色透明的塑料饮料瓶;(2)生产者:水绵、黑藻、金鱼藻;(3)消费者:食蚊鱼、孔雀鱼、螺蛳、田螺;(4)分解者:取自野外溪流的活水或晾晒一天后的自来水(去除氯气,让微生物进入水体);(5)密封:石蜡。

制作过程:(1)清洗容器,去掉标签,将塑料瓶洗净;(2)按营养级10%~20%数量关系,称量植物和动物;(3)放入按比例称好的健康生物;(4)注水加至瓶子的三分之二处;(5)确保移植到生态系统模型中的生物都成活,对生态瓶进行加盖封口,盖紧盖子,用石蜡密封;(6)贴上标签,写上日期等信息;(7)放在散射光下,不放在太阳光直射的地方,不随意移动位置。

这个生态瓶就做好了。

请根据你对"稻鱼鸭复合系统"和"生态瓶"的认识,填写下表。

生态系统	优势	劣势
稻鱼鸭复合系统		
生态瓶		

动动手

构建一个或多个健康的生态系统。

1.发挥想象,构建你认为最美好的和健康的生态系统,可以是在城市、农村、森林、海洋里;

2.思考在你的健康生态系统里都需要什么元素;

3.把你的想法画出来。

学习园地2答案

1.B

在北极地区繁殖的北极燕鸥每年进行约40 000千米的往返迁徙,相当于每年绕地球赤道一周(赤道周长40 075.7千米),一些个体每年的迁徙距离可达50 000千米。在美国东北部营巢的一只有标记序号的北极燕鸥寿命长达34岁,是已知的寿命最长的北极燕鸥。如果在北极繁殖的北极燕鸥能够存活到相似年龄,那么一生可能已经迁徙了160万千米。

2.A

卫星跟踪标记为我们提供了斑尾塍鹬的惊人迁徙数据。2007年3月17日,一只标记号为E7的斑尾塍鹬从新西兰出发,经过7天13小时,连续飞行10 219千米后到达鸭绿江。E7在此停留了5周存储脂肪,之后又在5月1日出发,抵达最终目的地阿拉斯加。8月底,E7再次创造了一项新纪录,它花费8天12小时连续飞行至少11 570千米从阿拉斯加返回新西兰。

有没有鸟儿能打破这个纪录呢? 除了鸭绿江,这了不起的斑尾塍鹬会不会光顾我们这里呢? 想要吸引它们光顾,那我们要为它们创造条件:

(1)保证它们在各个停歇地有足够的食物;

(2)保证在停歇地没有干扰,不被捕获不被伤害;

(3)能够安装足够轻盈、信号稳定的卫星跟踪器。

3.A、B、C、D、E、F、G、H

4.A、B、D、F、G、H、I.

第三章
我们与湿地

第一节　湿地与文化

湿地孕育了四大古代文明,包括古埃及的尼罗河文明、古巴比伦的两河文明、古印度的恒河文明和中国黄河流域与长江流域的华夏文明。

湿地与人类的生活方式息息相关,在我国,湿地孕育和产生了多姿多彩的传说、节日文化以及传统。

湿地保护的传说

很久以前,巢湖是个盆地,盆地中有一座城池叫巢州。某一天,一位渔人捕捉了一条千斤大鱼,运到城内廉价出售。全城人争相购买鱼肉,唯独一老妇焦姥和女儿玉姑不买不吃。一老人路过对焦姥说:"此鱼系吾儿,汝母女不食,必有厚报。见城东石鱼目赤,城将陷。"(这条鱼是我的孩子,你母女不吃他,我要好好报答你们。当你们看到巢州城东门石头鱼的眼睛发红了,整个巢州城将下陷。)

果然不久的一天,焦姥见东门石鱼目赤,她心急如焚,奔走大街小巷呼号,请全城百姓避灾,然后才携女欲行。忽然晴天一声巨响,大雨如注,洪水横流,巢州下陷。焦姥母女被浊浪冲散淹溺。正在危急之时,小白龙急施法术,从湖内长起三座山,将母女和焦姥失去的鞋托出水面。

后人为颂扬焦姥的德行，又将巢湖取名焦湖，将湖中的三座山分别取名为姥山、姑山和鞋山。

古时由于很多现象无法解释，以及古人积累的朴素的湿地保护知识，他们通过传说的形式，告诫人们破坏自然环境、伤害生物，都会受到惩罚，而那些保护环境、保护生灵的人们会受到庇护。因此，民间才有了村口或祠堂前的大树不能砍，钓到的大鱼要放生等说法。

拓展阅读

安徽湖泊湿地成因

安徽湖泊湿地包括天然湖泊湿地和人工湖泊湿地2大类5种类型。

1. 河道淤塞型。如沿淮湖泊就是由于黄河南徙入淮顶托，使淮河支流水系因泥沙淤塞不能排入干流壅水形成的湖泊。

2. 河道摆动型。如沿江的龙感湖、黄大湖、泊湖等系长江干流河床的南迁摆动而形成。

3. 地壳构造运动型。如巢湖、黄陂湖、竹丝湖等。

4. 采煤塌陷型。如淮北、淮南、阜阳、亳州等市因采煤导致土地塌陷而形成的人工塌陷湖泊。

5. 人工开挖型。这类因城市化建设而形成，时间短，面积小，生物多样性贫乏，如合肥的天鹅湖、翡翠湖等。

湿地相关的成语

竭泽而渔

原文:竭泽而渔,岂不获得? 而来年无鱼;焚薮而田,岂不获得? 而来年无兽。诈伪之道,虽今偷可,后将无复,非长术也。

译文:排干河流湖泊来捕鱼,怎么可能捕不到? 但第二年就没有鱼了;烧毁树林来打猎,怎么可能打不到? 但第二年就没有野兽了。用欺骗和作假的方法,即使今天有用,以后不会有第二次了,这不是长久之计。

释义:比喻做事不留余地,只顾眼前利益,不顾长远打算。

湿地保护,不要竭泽而渔,为了一时的利益而破坏湿地,最终只会得不偿失。

你先想一想,我捉鱼去了

想一想:除了上面提到的"竭泽而渔"或"焚薮而田",还有哪些你学到的和"竭泽而渔"意思相近的成语?

_____

_____

_____

鹤与道教

鹤在中国文化尤其是在道教文化中有崇高的地位，鹤是长寿、吉祥和清雅的象征，如图3-1所示。参观过道教宫观的人们，大多数都曾驻足殿堂内的壁画前，这些以道教故事为主的壁画中大多数都绘有仙鹤、鹿、蝙蝠等动物。道教的仙人大都是以仙鹤或者神鹿为坐骑，道教把鹤认作仙的化身，因而道士也称为"羽士"，道士的服装称为"鹤氅(chǎng)"，连道士作法时行走的姿态也与鹤步十分相似，称道士行走为"云行鹤游"，人们称赞道士为"仙风鹤骨"。在道观中供奉神仙的帐子上都绣着飞翔的鹤，名为"云龙鹤幡"。道教的高功法师礼经拜时穿的法衣(忏衣)、做法时穿的法衣(绛衣)都绣有丹顶鹤。道士得道成仙称为"羽化"或"驾鹤西归"。

图3-1　丹顶鹤（顾长明　摄）

鹤的优雅

中国画中鹤的原型多为丹顶鹤。丹顶鹤羽色素朴纯洁，体态飘逸雅致，而它的鸣声嘹亮脱俗，《诗经·鹤鸣》中有"鹤鸣于九皋，声闻于野"的精彩描述。

常见鹤与祥云、朝阳、青山、翠柏、宫殿、道士等同时出现，苦心造境的意图就是"仙气弥足"。历代诸多著名的文人、诗人与画家创作了许多以鹤为题的作品。唐朝诗人描写丹顶鹤的句子就非常多。

鹤的长寿

在中国、朝鲜和日本，人们常把仙鹤和挺拔苍劲的古松画在一起，作为益年长寿的象征。丹顶鹤寿命可达50～60年，因此中国传统年长的人去世有驾鹤西游的说法。

忠贞的爱情

"雌雄相随，步行规矩，情笃而不淫"，形容鹤有很高的德性。古人多用翩翩然有君子之风的鹤，比喻具有高尚品德的贤能之士，把修身洁行而有时誉的人称为"鹤鸣之士"。

鹤遵从一雌一雄制，即一夫一妻制。丹顶鹤一生只有一个伴侣，而且它们对于伴侣的选择也十分慎重。年轻的丹顶鹤一旦恋爱了，便会从一而终。求爱时丹顶鹤会唱上一曲动听的情歌以吸引对方，它们会跳上一段优美的舞蹈并结成配偶。一旦选定配偶，就会终身不离不弃。

所有的鹤和鹳都很专一，丹顶鹤只是其中的代表。如果其中一只丹顶鹤不幸死去了，另外一只就会不吃不喝不眠，日夜悲鸣，或孤独地活着，或耗竭死去，不再寻找新的配偶。因此，我们要保护湿地生灵，避免因为偷猎或投毒伤害了其中一只鸟，而间接地伤害了另一只。

你先想一想，我捉鱼去了

想一想：询问家里的长辈，了解当地湿地保护相关的传统知识？

_____

_____

_____

第二节　湿地面临的挑战

湿地的退化和丧失

由于气候变化的影响以及人为干扰,包括湿地资源的过度利用和湿地围垦、填埋,导致湿地生态系统功能退化,引发生物多样性和水资源的危机,并最终影响人类的生产生活。

江河阻隔

河流不仅可以为我们提供淡水资源,还有其他重要的生态服务功能。在河流生态系统中,有各种浮游生物、水生植物、鱼虾贝、两栖生物等。江河是这些水生生物繁衍、觅食和栖息的地方。

对于一些鱼类来说,繁殖的时候,需要洄游,如中华鲟、河豚等,但大大小小的水电站,为我们人类提供了源源不断的电力,却阻断了鱼儿的洄游通道。同时,水坝阻断了从上游输送的泥沙,导致上游的河床抬升,从而破坏上游的生态。如果一条河流只有一个水电站和拦水坝,可能还不足以造成很大的危害,大自然能找到新的平衡。但如果分布了密密麻麻的水电站,整个河流生态系统遭到破坏时,可能有的动物已经灭绝,而我们可能吃不到河里的鱼虾。

过度养殖和过量投放化肥农药

江河阻隔导致了鱼儿无法洄游,长江的鱼无法补给到湖泊中,渔民为了追求收益最大化,大量投放鱼苗,导致湖里的水草和浮游生物不够鱼苗吃,就只能投放饲料。农民想要田地里面没有虫害且高产,就撒化肥农药和除草剂。这就是前面成语提到的"竭泽而渔",人们这样做最终会为这些目光短浅的行为受到惩罚。

同学们可能会问,我们的祖辈在湖边洗菜洗衣服,农田灌溉从来不是问题,为何现在却变成了问题?

现在中国有超过13亿人口,而在1950年前后只有5亿人,之前的人口比现在少多了。如果所有的工业污染、农业上使用化肥的污染、人们的生活污水都全部直接倾倒到河流湖泊中(而且现在的污染物也不同于以前,塑料和其他石油副产品都难以降解),就会远远超过河流湖泊的承载力。而原本有些污染物是可以被植物吸附和微生物降解的,却因为河流湖泊生态系统遭到破坏,其中包括把天然河堤用水泥固化,导致大自然处理污染的能力下降,进而导致河流湖泊的水质下降。

一些湖泊原本为当地提供淡水资源,然而污染后,供给不再是供给反而变成了负担。

气候变化

气候变化包括全球变暖和极端天气,对湿地的面积、功能和分布都造成了巨大的影响。

可回收垃圾和不可回收垃圾

垃圾是放错位置的宝贝。

可回收垃圾是指适宜回收循环使用和资源利用的"废物"。主要包括：

1.废纸。未严重玷污的文字用纸、包装用纸和其他纸制品等,如报纸、各种包装纸、办公用纸、广告纸片、纸盒、牛奶盒等,可回收后做再生纸。

2.塑料。废容器塑料、包装塑料等塑料制品,如各种塑料袋、塑料瓶、泡沫塑料、一次性塑料餐盒餐具、硬塑料等。部分塑料可回收、分拣、清洗、粉碎、造粒变成可再次利用的再生料,部分塑料可充分处理的情况下用以燃烧发电(不同于家里随意焚烧塑料),部分塑料可降解。

3.金属。各种类别的废金属物品,如易拉罐、铁皮罐头盒、铅皮牙膏皮等可回收、拆解并再生利用。

4.玻璃。有色和无色废玻璃制品可回炉再造。

5.布料。旧纺织衣物和纺织制品有多种方法再利用,其中棉织品的衣物可降解。

不可回收物指除可回收垃圾之外的垃圾。常见的有在自然条件下易分解的垃圾,如果皮、菜叶、剩菜剩饭、水溶性强的卫生纸餐巾、纸花、草、树枝、树叶等,果皮可用于堆肥后种菜,果皮、菜叶、树枝等都可降解。

还有就是有害的,有污染的,不能进行二次分解再造的都属于不可回收垃圾。此类垃圾尤其需要分类,并交给专业人员做特殊处理。

学习园地5：让我们一起来算一算湿地的价值

序号	全球生态系统服务	湿地的价值 单位：美元/(公顷·年)	
		潮间带/红树林以及沼泽/洪泛平原	湖泊/河流
1	大气调节	133	—
2	气候调节	—	—
3	干扰调节	4 539	—
4	水调节	15	5 445
5	供水	3 800	2 117
6	控制侵蚀和保持沉积物		
7	土壤形成	—	—
8	养分循环	—	—
9	废弃物处理	4 177	665
10	授粉作用		
11	生物控制	—	—
12	生物避难所	304	—
13	食物生产	256	41
14	原材料	106	—
15	基因资源	—	—
16	游憩	574	230
17	文化	881	—
	合计	14 785	8 498

注：数据来源于1997年Robert Constanza等13位作者在《Nature》发表的《全球生态系统服务与自然资本的价值》一文。

表中短横线的部分，是因为1994年科学家Robert Constanza的团队还没有搜集到足够数据，因此没有统计。

例如，升金湖的面积约为33 340公顷，按照科学家Robert Constanza的指标，升金湖的价值至少为：8 498美元/(公顷·年)×33 340公顷≈2.83亿美元/年，按1美元兑换7.0元人民币计算（按出版时汇率，保留一位小数），升金湖的价值折合人民币约19.81亿元/年。也就是说，完好健康的升金湖每年的价值达到人民币19.81亿元左右，这还不包括生物多样性保护的价值。

同学们算一下，周围的湖泊、河流或沼泽湿地的价值是多少？

动动手

测测我们生活周边河水的水质——简易水质检测。

1.在学校老师的带领下,用干净的塑料瓶,取一瓶河水样本。

2.观察河道的情况,是硬质化的还是自然状态？如果是天然河道,观察河道边和里面的植物并记录生长情况。

3.观察周围有没有排污口,如果有排污口了解大概是什么样的污水(农业用水还是工业用水)。

4.观察水的颜色,有无悬浮物;用鼻子闻一闻气味;用pH试纸测试水的酸碱度;取少量水带回学校利用显微镜等设备进行微生物检测。

5.记录所有内容。

第三节　给湿地治病

看到那些痛心的事情,不禁想问,我们的湿地还有得救吗? 还来得及吗?

还有得救! 还来得及!

"要像保护眼睛一样保护生态环境,像对待生命一样对待生态环境。"

综合治理

人类没有办法孤立生存,环境也一样,生态系统的各个要素之间环环相扣,如水质出问题了,那么说明可能在这个生态系统的其他环节都出了问题,我们要找出病因进行治疗。对于人而言,一个人咳嗽了,他可能是因为受凉感冒引起的,可能是因为上火导致喉咙疼痛引起的,根据不同的病因,医生开出的方子是不一样的。

对于湿地来说也是一样,以流域为单元,充分考虑与水相关的自然、人文的因素,针对具体问题进行水资源管理。

水土保持

当我们听到渔民抱怨说"河床这些年抬高得太快啦",住在江河两边的居民抱怨说"现在下一场暴雨,马上就可能洪水泛滥"。同学们,我们听到的是什么呢?

☑上游要开展水土保持!

☒我们要与水争地!

水土保持从字面就能看出能够蓄水保土,从长远来看能够使我们的水资源供给更充足和稳定。因此,封山育林育草是第一步。

至于城市的污水,因为有城市管道网络和相对健全的污水收集系统,因此就交给污水处理厂。

对于农业施肥后产生的污染物,由于农村各家各户住得比较分散,就可以通过人工湿地来进行污水处理。通常农家乐的污水处理需要在直接排放进湿地前,加一个厌氧池,预处理一部分高浓度的污水。

人工湿地

人工湿地是污染防治的一部分,但是还需要从污染物排放端进行控制。人们应减少污染物排放,在城市,我们要对生活污水和工业污水分别进行处理,减少污染物的排放;在农村,减少化肥农药的使用,或者在南方用稻鱼鸭共生系统,或者采用其他的科学方法。

我们的祖先真的非常聪明,我们应该要积极学习借鉴祖辈传下来的生产生活的经验。

对于野生动物来说,我们应该减少对他们的干扰,还它们一片清净,等数量恢复到这个种群不再受到威胁时,我们再多看看它们也不迟。给它们创造好的生活环境,就是给我们自己创造美好家园。

禁止网捕鸟类!

第四节　保护湿地，我们同行

保护湿地，关注湿地，保护生态，是我们每个人义不容辞的责任。同学们，我们要保护好我们的湿地。

作为学生，我们应该怎么做？

开展湿地保护宣传

积极宣传保护湿地，树立健康的饮食观念和文明的社会风尚，从自身做起，做一个文明、守法、有爱心的消费者。

拓展阅读

湿地公园

湿地公园是指以保护湿地生态系统、合理利用湿地资源为目的，可供开展湿地保护、恢复、宣传、教育、科研、监测、生态旅游等活动的特定区域。

湿地公园区别于普通的公园主要在于：

1.湿地公园是以保护为目的的。

2.实行分区管理，湿地公园分为湿地保育区、恢复重建区和合理利用区等。湿地保育区除开展保护、监测等必需的保护管理活动外，不得进行任何与湿地生态系统保护和管理无关的其他活动。因此，不是所有地方都能去的，需要为野生动植物留出生存空间。

84 湿地保护知识读本　学生版

不侵占和填埋湿地

任何个人或集体不得随意侵占、填埋湿地及破坏湿地生态功能。

保护野生动植物

1.自觉监督和抵制捕杀野生动物的违法行为,发现乱捕滥猎、贩卖和非法经营野生动物者,及时向当地林业部门或者森林公安举报。

2.不伤害、不捕杀、不笼养野生动物,不非法经营、购买、贩运野生动物及其产品。

3.野外拍摄和行走时,注意不恐吓野生动物。

4.在湿地区域观鸟时可以用望远镜,但不要追赶驱逐鸟类,也不要随意给野外鸟类投喂食物。

5.不捣毁鸟窝或掏鸟蛋。

6.不滥采乱挖湿地植物。

不向湿地倾倒污染物和废弃物

湿地保护管理规定:任何个人或集体禁止在湿地内倾倒各类有毒有害物质、废弃物、垃圾,或者排放未达标的废水。

开展科学研究和监测

积极开展湿地科学研究和调查监测等工作,建立湿地资源数据库,为科学保护和合理利用湿地资源提供依据。

这些我们可以做到的事情,我们都应该做到,共同保护我们美丽的湿地。

小伙伴们,让我们携起手来,共同努力,保护好珍贵的湿地资源,让天更蓝、山更绿、水更清!能在身边听得到蛙鸣、望得到鸟飞、看得见鱼游!

学习园地6：了解我们身边的湿地

动动手

1.和家长去附近的湿地公园。

2.认识并了解湿地公园的各个区域如何划分，请教工作人员为什么这么划分，也可以自己找寻答案，并记录下来。

3.找出至少3种不同的鸟，3种不同的昆虫和3种不同的植物，不要把他们摘下来或带走，可以把他们用相机拍下来。

4.回到家里，把小鸟和植物画下来并分享给家人、老师和同学。

学习园地4答案

生态系统	优势	劣势
稻鱼鸭复合系统	1.系统稳定	1.并不是所有农田都适合该系统
	2.对环境有好处,不用投放杀虫剂就可以有效控制病虫草害。不用投放饲料,鱼鸭的粪便还可以增加土壤肥力	2.这个系统在农田里,城市的学生不容易看到
	3.可以储蓄水资源	—
	4.可以保护生物多样性	—
	5.可以增加当地居民的收入	—
生态瓶	1.好看、简单,易操作,易推广	1.系统不稳定。系统比较单一很脆弱,一旦某个生物死亡,就会导致系统崩溃
	2.对于普及最基本知识起到短期的作用	2.系统不容易维持,因此对于后期的维护很麻烦
	—	3.很多藻类可能是商家从自然中随意获取的,反而破坏了天然的生态环境
	—	4.系统崩溃物品被丢弃后形成垃圾
	—	5.如果选择生命力较强的生物,有引入入侵物种的风险

以上非标准答案,小朋友可以根据自己的理解作答。